肉鸭网上旱养育肥技术

主　编　张春江　郭学荣
副主编　陈宗刚　张志新
编　委　白亚民　李荣惠　王志富
杨志欣　苏　娜　陈亚芹
张守柱　袁士建

U0833287

科学技术文献出版社
SCIENTIFIC AND TECHNICAL DOCUMENTATION PRESS

图书在版编目(CIP)数据

肉鸭网上旱养育肥技术 / 张春江，郭学荣主编. --北京：科学技术文献出版社，2012.3

ISBN 978-7-5023-7112-8

Ⅰ.①肉… Ⅱ.①张… ②郭… Ⅲ.①肉用鸭－饲养管理 Ⅳ.①S834

中国版本图书馆 CIP 数据核字(2011)第 241534 号

肉鸭网上旱养育肥技术

策划编辑：孙江莉　责任编辑：白明　责任校对：张吲哚　责任出版：王杰馨

出 版 者	科学技术文献出版社
地　　址	北京市复兴路 15 号　邮编　100038
编 务 部	(010)58882938，58882087(传真)
发 行 部	(010)58882868，58882866(传真)
邮 购 部	(010)58882873
官方网址	http://www.stdp.com.cn
淘宝旗舰店	stbook.taobao.com
发 行 者	科学技术文献出版社发行　全国各地新华书店经销
印 刷 者	北京高迪印刷有限公司
版　　次	2012 年 3 月第 1 版　2012 年 3 月第 1 次印刷
开　　本	850×1168　1/32 开
字　　数	143 千
印　　张	5.75
书　　号	ISBN 978-7-5023-7112-8
定　　价	13.00 元

© 版权所有　违法必究

购买本社图书，凡字迹不清、缺页、倒页、脱页者，本社发行部负责调换。

前　言

随着规模化、集约化养鸭技术的发展，传统水域放牧（半放牧）养鸭的生产模式暴露出越来越多的缺点，具体表现在：鸭粪便直接污染鸭体，环境卫生差，发病率和死亡率升高，耗料多，生长速度缓慢等。鸭粪不仅对河流、水源造成污染，还使得一些烈性传染病（包括高致病性禽流感）病毒经粪便随水流传播，严重危害人畜的生活环境。鸭在开放水域饲养，还容易与可能携带禽流感病毒的野鸟接触，这些都可能产生严重的公共卫生安全问题，而日益污染的饲养环境又严重危及放养环境中的肉鸭健康。

肉鸭网上旱养是近年来逐步探索成功的肉鸭饲养新技术，采用室内网上养殖，不受季节、气候、生态环境的影响，一年四季均可饲养，大大提高了鸭的饲养效益，也有利于卫生防疫和生态环境保护，收到了良好的经济效益和社会效益。

为了推广肉鸭网上旱养技术，本书编写组成员深入养鸭场，认真整理养鸭经验后编写了本书。但限于编者的实践经验和理论水平，书中难免有不妥和错误之处，敬请有关专家及读者批评指正。

编　者

目　录

第一章　肉鸭网上养殖概述

肉鸭网上旱养是指整个饲养期都不让鸭下水，完全在房舍内网床上饲养。实践证明，肉鸭网上旱养可避免几十种由水生动物、植物传播的寄生虫病，也可减少以水为传播媒介的传染病，省工省料，易管理，生长快，育肥性能好，育肥鸭养至55～60日龄体重即可达上市规格，且肉质优良，经济效益和社会效益极为显著，已成为一项新的快速养殖方式，非常值得在全国各地推广。

第一节　肉鸭网上养殖的优缺点

与传统的散养、地面平养相比，网上养殖肉鸭具有省工时、省垫料、减少疾病传播机会等优点。

1. 优点

(1)减少疫病，提高成活率：肉鸭全程在网上饲养，粪便通过塑料网落到地面，鸭子同粪便隔离，减少了从粪便中感染疾病的机会。网上旱养离开了河水或鱼塘水，饮用干净的水，这样大大减少了水传疫病。再实行全进全出制，严格消毒，因此网上旱养成活率很高，一般育成率均在98%左右。

(2)提高肉鸭品质，达到无公害食品要求：肉鸭旱养减少疫病，就减少了防治的用药。如果能同时规范控制饲料内药物的添加，遵守休药期规定，这样肉鸭的药物残留被控制，鸭肉的品质得到了提高，就可为市场提供无公害鸭肉食品。

(3)降低成本，提高生产效率：网上旱养实行自由采食，减少肉鸭的活动量，降低能量的消耗，料肉比与传统饲养相比可降低 0.2～0.3。网上旱养后，鸭舍不再需要垫料，节省了垫料费用。这样饲养员的工作量就大大降低了。

(4)管理方便：在网上平养条件下，鸭只所处位置的温度均一性好，不易出现扎堆现象。粪便可采取定期方式清除，减轻了劳动强度。

(5)鸭体清洁：网上旱养可使鸭羽毛洁净，减少鸭胸部的烂毛现象，提高鸭产品成品率和优质率。

(6)减少环境污染：粪便可集中处理，减少了污水排放。

2. 缺点

(1)对肉鸭饲料品质，尤其维生素和矿物质要求较高。

(2)当网床铺面不平整、网眼过大时，易造成腿脚损伤。

(3)比较容易发生啄癖，应注意防止。

第二节　适合网上养殖的肉鸭品种

网上养鸭宜选用前期生长快、饲料转化率高、性情温顺、喜安静的肉鸭品种，如北京鸭、樱桃谷鸭、狄高鸭、奥白星鸭、丽佳鸭、建昌鸭、高邮鸭、中山麻鸭、临武鸭、天府肉鸭、番鸭等。

1. 北京鸭

北京鸭适应寒带、温带、热带气候，是网养的好鸭种。

(1)体型外貌：北京鸭体型硕大丰满，挺拔强健。头较大，颈粗、中等长度；体躯呈长方形，前胸突出，背宽平，胸骨长而直；两翅较小，紧附于体躯两侧；尾羽短而上翘，公鸭尾部有 2～4 根向背部卷曲的性指羽。母鸭腹部丰满，腿粗短，蹼宽厚。北京鸭全身羽毛白色并稍带有乳黄色光泽，喙、胫、蹼橙黄色或橘红色，眼的虹彩蓝灰色。初生雏鸭绒毛金黄色，称为“鸭黄”，随日龄增加，颜色逐渐变浅，至 4 周龄前后变为白色羽毛。

(2)生产性能

①繁殖力:北京鸭不仅产肉性能优良,而且产蛋量高。性成熟期150～180日龄,产蛋量为200～240个,蛋重90～95克,蛋壳白色。公母配种比例1∶(4～6),受精率在90%以上。受精蛋孵化率为80%左右。

②产肉性能:初生雏鸭体重58～62克,3周龄体重1.75～2.0千克,9周龄体重2.50～2.75千克。肉料比为1∶(2.8～3.0)。成年鸭体重为3.5千克,母鸭为3.4千克。半净膛屠宰率公鸭为80.6%,母鸭为81.0%;全净膛屠宰率公鸭为73.8%,母鸭为74.1%;胸腿肌占胴体的比例,公鸭为18%,母鸭为18.5%。

2. 樱桃谷鸭

樱桃谷鸭抗寒耐热,喜在干爽地栖息,能在陆地上自然交配,是网养的好鸭种。

(1)体型外貌:外形酷似北京鸭,白羽,头大额宽,鼻脊较高,喙、胫、蹼为橙黄色或橘红色,颈平而粗短,翅强健而紧贴躯干,背宽长,稍倾斜,胸宽深,肌肉发达,腿粗短。

(2)生产性能

①繁殖力:据资料介绍,父母代母鸭182日龄产蛋220个,蛋重85～90克,壳色白色。父母代种鸭公母配种比例为1∶(5～6),受精率90%以上,受精率85%以上,受精蛋孵化率85%左右。

②产肉性能:该鸭早期生长极为迅速。经测定,该鸭商品代7周龄体重达到3.12千克,肉料比1∶2.89,半净膛屠宰率85.55%,全净膛率(带头脚)79.11%;去头脚的全净膛率为71.81%。

3. 狄高鸭

狄高鸭抗寒耐热,喜在干爽地栖息,能在陆地上自然交配,是网养的好鸭种。

(1)体型外貌:体型大,外貌近似樱桃谷鸭,白羽,头大而扁长,喙、胫、蹼橙黄色,颈粗长,背长阔,胸宽挺,尾稍翘起,体躯前昂,后躯靠近地面，腿粗短。

(2)生产性能

①繁殖力：该鸭性成熟期 182 天，250 天产蛋进入高峰期，产蛋率达 90%以上。年产蛋量在 200～230 个，平均蛋重 88 克，蛋壳白色。公母配种比例 1∶(5～6)，受精率 90%以上，受精蛋孵化率 85%左右。

②产肉性能：初生雏鸭体重 55 克左右，30 日龄体重 1.1 千克，60 日龄体重 2.7 千克。7 周龄商品代肉鸭体重 3.0 千克，肉料比 1∶(2.9～3.0)；半净膛屠宰率 92%～94%，全净膛屠宰率（连头脚）79.7%～82.3%。

4. 奥白星鸭

奥白星鸭具有体型大、生长快、早熟、易肥和屠宰率高等优点，适于网上饲养。

(1)体型外貌：雏鸭绒毛金黄色，随日龄增大逐渐变浅，换羽后全身羽毛为白色。成年鸭的体型外貌与北京鸭非常相似：头大，颈粗，胸宽，体躯稍长，胫粗短。

(2)生产性能

①繁殖力：种鸭性成熟期 160～180 日龄，220 日龄进入产蛋高峰。年平均产蛋量 220 个左右。育成期存栏率 96.33%，产蛋期存栏率 93.32%，受精率 92.08%，合格种蛋孵化率 80.42%。

②产肉性能：种鸭标准体重公鸭 2.95 千克，母鸭 2.85 千克。商品代肉鸭 6 周龄体重 3.3 千克，7 周龄体重 3.7 千克，8 周龄体重 4.04千克。料肉比 6 周龄为 2.3∶1，7 周龄为 2.5∶1，8 周龄为 2.75∶1。

5. 丽佳鸭

丽佳鸭适应性较强，在寒冷和炎热的环境下，既可以圈养，也可以半放牧饲养。

(1)体型外貌：体型外貌近似北京鸭，体型大小因品系而异，体羽白色。

(2)生产性能

①繁殖力:母鸭年产蛋量200~220个,平均孵化率80%。

②产肉性能:丽佳鸭有各具特色的L1系、L2系和LB三个配套系。L1系7周龄体重3.7千克,料肉比2.75∶1,全净膛屠宰率70%;L2系7周龄体重达3.3千克,料肉比2.6∶1,全净膛屠宰率为71%左右;LB系7周龄体重2.9千克,料肉比2.14∶1,全净膛屠宰率为70%。

6. 建昌鸭

建昌鸭是肉用性能优良、以生产大肥肝著称的肉蛋兼用型麻鸭,素有"大肝鸭"的美称。该鸭具有体大肉多,生长迅速,易于育肥,肥肝重、大,饲料报酬高,产蛋性能较好等经济性状,属于我国南方麻鸭类型中肉用性能特优的一个鸭种,适合网上养殖。

(1)体型外貌:该品种体躯宽深,头大颈粗。公鸭的头和颈上部羽色墨绿,有光泽;颈下部有一白色羽环,胸背部红褐色,腹部银灰色,尾羽黑色,喙黄绿色,胫、蹼橘红色。母鸭羽毛褐色,有深浅之分,以浅褐色麻雀羽居多,占65%~70%。此外,还有一部分白胸黑鸭,在群体中约占15%。这种类型的公母鸭羽色相同,全身黑色,颈下部至前胸的羽毛白色。近年来,已从建昌鸭中分离选育出一个白羽品系。

(2)生产性能

①繁殖力:开产日龄150~180天,年产蛋量150个左右,平均蛋重72~73克(蛋壳有青、白色两种,以青壳占多数)。

②产肉性能:2月龄全净膛率为67.9%;6月龄全净膛率,公鸭为72%,母鸭为74%。

7. 高邮鸭

高邮鸭又名高邮麻鸭,原产于江苏省高邮,是我国江淮地区良种,系全国三大名鸭之一,属蛋肉兼用型地方优良品种,适合网上养殖。

(1)体型外貌:该品种背阔肩宽胸深,体躯长方形。公鸭头和颈上部的羽毛深绿色,有光泽,背、腰、胸部均为褐色芦花羽,腹部白色,臀部黑色,喙豆黑色,虹彩深褐色,胫、蹼橘红色,爪黑色。母鸭全身羽毛褐色,有黑色细小斑点,如麻雀羽,主翼羽蓝黑色,喙豆黑色,虹彩深褐色,胫、蹼灰褐色,爪黑色。

(2)生产性能

①繁殖力:开产日龄 110～140 天。年产蛋量 140～160 个,平均蛋重 75 克。蛋壳以白色为主,约占 83%,青壳蛋占 17%左右。

②产肉性能:成年公鸭体重 2.3～2.4 千克,母鸭 2.6～2.7 千克。70 日龄体重 1.8～2 千克。屠宰率、半净膛率为 80%以上,全净膛率为 70%左右。

8. 中山麻鸭

中山麻鸭是蛋肉兼用型品种,被列为广东省优良地方鸭种之一。

(1)体型外貌:体型大小适中,公鸭头、喙稍大,体躯深长,头羽花绿色,颈、背羽黑褐麻色,颈下有白色颈圈,胸羽浅褐色,腹羽灰麻色,镜羽翠绿色。母鸭全身羽毛以褐麻色为主,颈下有白色颈圈,蹼橙黄色,虹彩褐色。

(2)生产性能

①繁殖力:开产日龄 130～140 天,年产蛋 180～220 个,蛋重 70 克左右。

②产肉性能:成年公鸭体重 1690 克,母鸭 1700 克。63 日龄公鸭半净膛率为 84.4%,母鸭为 84.5%;公鸭全净膛率为 75.7%,母鸭为 75.7%。

9. 临武鸭

临武鸭具有生长发育快、体型大、产蛋多、适应性强、饲料报酬高、肉质细嫩、皮下脂肪沉积良好、味道鲜美等特点。

(1)体型外貌:体型较大,躯干较长,后躯比前驱发达,呈圆筒状。

公鸭头颈上部和下部以棕褐色居多，也有呈绿色者，颈中部有白色颈圈，腹部羽毛为棕褐色，也有灰白色和土黄色者。性羽2～3根。母鸭全身麻黄色或土黄色。喙和脚多呈黄褐色或橘黄色。

(2)生产性能

①繁殖力：开产日龄160天，年产蛋180～220枚，平均蛋重为67.4克，壳乳白色居多。公母配种比例1：(20～25)，种蛋受精率约83%。

②产肉性能：初生重为42.67克，成年公鸭体重为2.5～3千克，母鸭为2～2.5千克。半净膛率公鸭为85%，母鸭为87%，全净膛率公鸭为75%，母鸭为76%。

10. 天府肉鸭

天府肉鸭适应性强，抗病力强和优良的生产性能，是网养的好鸭种。

(1)体型外貌：羽色白色，喙橘红色。背宽平，体躯长方形，胸丰满，属快大型肉鸭类型。

(2)生产性能

①繁殖力：开产日龄180日龄(产蛋率达5%)，入舍母鸭年产合格种蛋230～250个，蛋重85～90克，受精率达90%以上。

②产肉性能：商品代肉鸭4周龄活重1.8～1.9千克，料肉比(1.6～1.8)：1；6周龄活重2.9～3千克，料肉比(2.2～2.4)：1；7周龄活重3.2～3.3千克，料肉比(2.5～2.6)：1。

11. 番鸭

番鸭又称瘤头鸭、疣鼻栖鸭、麝香鸭，性情温顺、体态笨重，不喜欢在水中游泳，适于在陆地饲养，故又称为“旱鸭”。番鸭与河鸭属的家鸭杂交产生的后代为骡鸭，是目前普遍受到重视的优质肉用型鸭。

(1)体型外貌：我国番鸭的羽色主要有黑白两种，黑色羽毛的瘤头鸭，羽毛带有墨绿色光泽，喙红色有黑斑，皮瘤黑红色，虹彩浅黄色。白色羽毛的瘤头鸭，则喙为粉红色，皮瘤鲜红色，虹彩浅灰色。

花羽瘤头鸭喙红色带有黑斑，皮瘤红色。公鸭在繁殖季节散发出麝香气味。

(2)生产性能

①繁殖力：母鸭开产日龄 180 日龄。一般年产蛋量为 80～120 枚，高产可达 150～160 枚，蛋壳玉白色，蛋重 70～80 克。

②产肉性能：成年公鸭体重 3.5～4 千克，母鸭 2～2.5 千克。公鸭全净膛率为 76.3%，母鸭为 77%。

第三节　肉鸭网上养殖要注意的问题

1. 建造标准化的养殖场

养鸭场建造尽量标准化，必须“三远离”：即远离村庄、远离主干线、远离其他家禽养殖场和屠宰场。

2. 选择健康的优质良种

目前试验表明，北京鸭、樱桃谷鸭、狄高鸭、奥白星鸭、丽佳鸭、建昌鸭、高邮鸭、中山麻鸭、临武鸭、天府肉鸭以及番鸭、半番鸭都可以进行网上养殖。网上养殖要选好鸭苗，尽量不养残弱的鸭苗，因为鸭群比较集中，容易将弱苗踩死，一旦发现必须隔离饲养。

3. 适度规模饲养

养殖户要根据自身的经济实力和抗风险能力，掌握好鸭饲养的适度饲养规模，要根据场区大小和资金实力，制定合理的饲养计划，既不能造成固定资产的闲置浪费，也不能贪求过大的饲养规模，为资金的回流和滚动发展加足筹码。

4. 饲喂优质饲料

饲料是养鸭的物质基础，投喂优质的饲料是保证体重达标的前提。

饲料品质好坏主要取决于三种因素：饲料配方的科学性和营养水平，饲料原料的品质要优良。

5. 加强鸭群管理

减少应激，尽量避免胸、腿发病。饲养过程尽量减少人员出入，非饲养人员不能进入鸭舍。选择塑网时一定要选择网孔较小的而且表面光滑的网，以免鸭腿被卡在网孔内将腿弄伤。

管理上要实行定人、定时、定饲料，平时做好常规的卫生防疫工作。此外，还要经常观察鸭只的形态、行为、采食、饮水、粪便、呼吸等情况，发现异常及时采取纠正措施或预防措施。

6. 注重信息和宣传，及时把握商机

现代鸭养殖与过去养鸭大有不同，不断发展变化的市场经济环境中，信息的获取和产品的宣传对生产者是极其重要的。生产者要善于运用电话、报刊、互联网等现代传播手段，及时获取有关生产资料和产品销售等方面的信息，并采取适当方式加大宣传，提高产品的知名度，及时把握市场机遇，才能在市场竞争中取得主动。

7. 注重技术合作与革新，提高技术含量

随着市场竞争日趋激烈，只有技术领先才能立于不败之地。鸭养殖者应注意利用书刊、网络、参加产品交易会和技术交流会等各种机会，不断学习采用新技术、新工艺，并在养殖实践中加以发展创新，尽量与同行、专家保持密切联系，加强技术信息交流，不断进行技术升级改造。

第二章　养殖场舍及其设备

饲养肉鸭若数量较少，可以养在庭院内，但院内就不能再饲养鸡、鹅等其他禽类，以免其他禽类的疾病传染给肉鸭。饲养规模较大时就必须在村外建场养殖，以免禽群间疾病的相互感染。

第一节　肉鸭的生产计划

肉鸭场在经营开始，首先要确定鸭群规模、年生产批次、采取何种管理方式等，即因地制宜地确定经营和饲养管理方案，然后再规划鸭舍，安排设备各方面的投资等。

一、饲养规模

现代商品肉鸭具有生长迅速，体重大，出肉率高，饲料转化率高，生产周期短和全年批量生产的突出特点。因此，饲养肉鸭的经济效益不仅只体现在平均效益上，更重要的是要有适当的经营规模，才能发挥出最佳的经济效益。饲养者应结合持有的资金、场地、技术、饲料和市场条件确定饲养规模。

二、饲养方式

饲养育肥鸭，为了节省劳动力和减少鸭的应激，可采用“一段式”养殖模式或“两段式”养殖模式。

1.“一段式”养殖模式

“一段式”养殖模式即从 1 日龄直至出栏均在同一鸭舍(栏)内

完成。

2.“两段式”养殖模式

“两段式”养殖模式就是育雏、育肥分地(室)进行,鸭雏在育雏室培育至脱温后,全群同时转入育肥舍饲养至出栏,腾出的育雏室经消毒后再接纳鸭雏培育。这样,“两段式”循环作业,不但加快了育肥鸭饲养批次,而且提高了鸭舍的利用率。

三、每年养鸭批次

饲养期和停养期的长短,可影响每年饲养育肥鸭的批次。停养期通常为 14 天,此期间对鸭舍进行消毒。若饲养期为 60 天,停养期为 14 天,则每年可养育肥鸭 5 批。由此可见,饲养期短和停养期短,都可增加每一栋鸭舍中每年生产的育肥鸭数。值得注意的是,达到上市体重的育肥鸭,若不实行全进全出制,则会减少年养鸭批数。

四、养殖模式

近几年,全国各地肉鸭养殖小区发展迅速,组织形式多样。总结起来大致有 4 种。第 1 种是集约化模式,是指把养殖业上下游集约到一起,通过系统的管理来获得系统经济效益的一种生产模式;第 2 种是规模化的模式,这种模式比较单一;第 3 种是专业户的模式;第 4 种是散户养殖的模式。

目前集约化和规模化模式主要有“公司+农户”、“公司+基地+农户”等组织形式。

1.“公司+农户”饲养模式及特点

“公司+农户”的基本模式是公司给养殖户提供鸭苗、饲料、兽药、技术等(有的要收少量的风险抵押金),农户进行饲养,然后按保护价回收毛鸭。

这种模式有如下特点:

(1)可以互惠互利,共同发展。公司省去了建造商品鸭舍和购买饲养设备的巨额费用，解决了公司资金短缺的难题，同时也便于企业扩大规模。

（2）养殖户由于省去了肉鸭饲养生产中鸭苗和饲料这一主要的周转资金，同时又有公司在技术方面做后盾，而且公司按保护价收购，不存在卖鸭难的问题，避免了市场波动的风险，经济效益得到了保障，调动了广大养鸭户的积极性。

（3）由于饲养者是千家万户，素质参差不齐，饲养的场所又七零八落，农户分散，公司不容易达到对农户的统一管理，容易产生问题。目前此种模式还有一些问题需要解决。

2.“公司＋基地＋农户”饲养模式及特点

所谓“公司＋基地＋农户”，就是由龙头企业公司投入一定量的人力、物力，筹建肉鸭生产示范基地，由基地带动农户加盟养殖经营，公司负责给加盟养殖户统一提供鸭苗、饲料、兽药，统一负责产前、产中、产后生产技术服务，统一按合同价回收加盟养殖户的育肥鸭，加工后上市销售，完成商品流通。

这种模式有如下特点：

（1）方便公司对基地和农户统一管理（即统一供应品种、统一供应生产资料、统一技术规程、统一指导、统一监督管理、统一收购、统一加工、统一销售），有利于提高肉鸭生产的产量和质量，有利于品牌战略的实施，进而更大限度地增加销售收入，获得更可观的经济效益，公司与农户互惠互利，共享收益。

（2）由于大多数加盟养殖户都是在示范基地内养殖，统一建设鸭舍，统一养殖方案，统一管理，不易出现农户私自乱用药物、乱用饲料、不按规程进行养殖的现象。

（3）采取这种模式，也便于技术的创新、推广和应用。公司利用雄厚的科研实力不断进行研究和创新，通过基地示范和统一的技术培训，给养殖户提供产前、产中和产后的技术服务，不断提高养殖户的饲养管理水平，提高养殖户收益的同时也提高了公司的利润。

3. 专业户饲养模式及特点

专业户饲养机动灵活，可自孵鸭苗，也可订购鸭苗。产品自行销售，随时出栏。但有时可能出现卖鸭难、养殖技术咨询难和饲养批次不够的问题。

第二节　鸭场规划

“公司＋农户”饲养模式、专业户饲养模式和散户饲养模式都涉及鸭场选址。合理地选择场址，对提高肉鸭的生产性能，减少疾病侵袭，降低生产成本，提高经济效益具有重要作用。

一、场地选择

无论是单独的育肥鸭养殖还是带有种鸭的养殖，鸭场的地址选择既要考虑鸭场生产对周围环境的要求，也要尽量避免鸭场产生的气味、污物对周围环境的影响。同时还要遵循如下原则：

1. 节省土地

土地的使用应符合当地农牧业区划与布局的要求，以不占用基本农田、节约用地、合理利用废弃地为原则。

2. 交通便利

鸭场位置应选择在交通方便的地方，临近公路、靠近消费地和饲料来源地。场址与主要交通干线距离最好在 500 米以上，既要有利于防疫，又要满足鸭场繁忙运输任务的需要。

3. 水源充足

养殖场要有稳定的水源，水质符合养殖用水要求，水量保证高峰时期和干旱时期的最大需求。因高峰时，每只成年鸭一天能喝300～500毫升水，以 5000 只鸭计算，加上其他用水每天可达 4～5吨，在夏天雨水充足时完全不成问题，但在冬季和鸭舍建在相对于水位较高、特别是鸭舍周围没有水源的养鸭户来说，可能要每天忙于拉水。

4. 防疫隔离良好

鸭场的选择最好是未曾养过任何牲畜和家禽的地方。与农贸市场、屠宰加工厂、肉食品加工厂、皮毛加工厂、居民点等易于传播疾病的地方距离最少 1000 米，距离垃圾场等污染源 2000 米以上，特别是其他水禽养殖场尽可能远些。

5. 环境条件良好

选择场地时以平坦或稍有坡度的地形为好，土质以沙质土壤较为适合，同时要了解场址所在地的自然气候条件，如最低气温、最高气温、降雨量及最大风力等情况。离大江、大河、山体要有一定的距离，以预防洪水、塌方、雪崩、泥石流等。

6. 保障电源

鸭场内孵化、照明、供水、供温、通风换气等都需要用电，因此鸭场要求电源保证。必要时要备有发电设备。

7. 发展空间

场地要合理规划，要有利于农、林、牧、副、渔综合利用，也要考虑鸭场将来发展扩大的可能性。

二、鸭场规划布局

"公司＋农户"养殖模式的，因不饲养种鸭，育肥鸭舍采用"全进全出"制饲养，环境比较干净，布局也比较简单，主要考虑鸭群的防疫卫生和安全，同时还要保证非生产区和生活区养殖者的工作和生活环境，尽量避免交叉污染。专业户饲养模式的因为要饲养种鸭，并设有孵化室，在布局和规划时，应进行全面考虑，不能只顾一方面，而忽视了其他方面。除着重考虑风向、地形与建筑物的朝向外，更要考虑生产作业的流程，以便提高劳动生产率，节省投资费用；同时要考虑卫生防疫条件，防止疫病传播；还要照顾各区间的相互联系，便于管理。

1. 区域划分

对鸭场进行总平面布置时，主要考虑卫生防疫和工艺流程两大因素。场前区中的生活区应设在全场的上风向和地势较高地段，然后为生产技术管理区。生产区设在这些区的下风和较低处，但应高于隔离区，并在其上风向。

(1)场前区：包括技术室、饲料加工及料库、杂品库、更衣消毒室、配电房、宿舍、食堂等，是担负鸭场经营管理和对外联系的场区，应设在与外界联系方便的位置。大门前设车辆消毒池。

鸭场的供销运输与外界联系频繁，容易传播疾病，故场外运输应严格与场内运输分开。负责场外运输的车辆严禁进入生产区，其车棚、车库也应设在场前区。

场前区、生产区应加以隔离，外来人员最好限于在场前区活动，不得随意进入生产区。

(2)孵化室：专业户饲养模式的孵化室宜建在靠近场前区的入口处，有条件的最好单设孵化场，单设时宜设在养殖场专用道路的入口处，小型养殖场也应在孵化室周围设围墙或隔离绿化带。

(3)幼雏舍：除"一段式"养殖不需建幼雏舍外，"两段式"养殖需建幼雏舍。为保证防疫安全，幼雏舍的布局根据主风向与地势，应当按孵化室、幼雏舍排列，这样能减少发病机会。

育雏舍应与孵化室相距在100米以上，距离大些更好。在有条件时，最好另设分场，专门孵化及饲养幼雏，以防交叉感染。

(4)育肥鸭舍：育肥鸭舍用于饲养育肥鸭，只是育肥鸭饲养采用全进全出制，鸭舍的大小和栋数应根据饲养方式、生产规模和饲养期长短等因素确定。应着重考虑为保证全年均衡上市或市场销价最好的季节上市所应修建的鸭舍数量。

(5)后备种鸭舍：专业户饲养模式的后备种鸭舍建筑的基本要求类似于育雏舍，但是保暖要求没有育雏舍那样严格。

(6)种鸭舍：种鸭舍主要供种用鸭产蛋用，休产期的种用鸭也在其中饲养,也可用作饲养育成阶段以后至性成熟前的鸭。

(7)饲料加工、储藏库:饲料加工储藏库应接近鸭舍,交通方便,但又要与鸭舍有一定的距离,以利于鸭舍的卫生防疫。

(8)隔离区:包括病、死鸭隔离、剖检、化验、处理等房舍和设施、粪便污水处理及贮存设施等,是养鸭场病鸭、粪便等污物集中之处,是卫生防疫和环境保护工作的重点。该区应设在全场的下风向和地势最低处,且与其他两区的卫生间距不小于50米。

(9)贮粪场:既应考虑鸭粪便于由鸭舍运出,又便于运到场外。

(10)鸭场的道路:生产区的道路应净道和污道分开,以利于卫生防疫。净道用于生产联系和运送饲料、产品,污道用于运送粪便污物、病鸭和死鸭。场外的道路不能与生产区的道路直接相通。场前区与隔离区应分别铺设与场外相通的道路。

(11)养鸭场的排水:排水设施是为了排出场区雨、雪水,保持场地干燥、卫生设置。一般可在道路一侧或两侧设明沟,沟壁、沟底可砌砖、石,也可将土夯实做成梯形或三角形断面,再结合绿化护坡,以防塌陷。如果鸭场场地本身坡度较大,也可以采取地面自由排水,但不宜与舍内排水系统的管沟通用。隔离区要有单独的下水道将污水排至场外的污水处理设施。

2. 合理布局

鸭舍排列的合理性关系到场区小气候、鸭舍的采光、通风、建筑物之间的联系、道路和管线铺设的长短、场地的利用率等。鸭舍群一般采取横向成排(东西)、纵向呈列(南北)的行列式,即各鸭舍应平行整齐呈梳状排列,不能相交。鸭舍群的排列要根据场地形状、鸭舍的数量和每幢鸭舍的长度,酌情布置为单列、双列或多列式。生产区最好按方形或近似方形布置,应尽量避免狭长形布置,以避免饲料、粪污运输距离加大,饲养管理工作联系不便,道路、管线加长,建场投资增加。

鸭舍群按标准的行列式排列与地形地势、气候条件、鸭舍朝向选择等发生矛盾时，也可将鸭舍左右错开、上下错开排列，但要注意平行的原则，避免各鸭舍相互交错。当鸭舍长轴必须与夏季主风向垂直时，上风行鸭舍与下风行鸭舍应左右错开呈“品”字形排列，这就等于加大了鸭舍间距，有利于鸭舍的通风；若鸭舍长轴与夏季主风方向所成角度较小时，左右列应前后错开，即顺气流方向逐列后错一定距离，也有利于通风。

鸭舍的朝向要地理位置、气候环境等来确定。适宜的朝向应满足鸭舍日照、温度和通风的要求。在我国，鸭舍应采取南向或稍偏西南或偏东南为宜，冬季利于防寒保温，而夏季利于防暑。鸭舍的朝向选择以南向为主，可向东或向西偏 45°，以南向偏东 45°的朝向最佳。这种朝向需要注意遮光，如加长屋檐、窗面涂暗等减少光照强度。如同时考虑地形、主风向以及其他条件，可以作一些朝向上的调整，向东或向西偏转 15°配置，南方地区从防暑角度考虑，以向东偏转为好；北方地区朝向偏转的自由度可稍大些。

鸭舍间距的确定主要从日照、通风、防疫、防火和节约用地等方面考虑，根据具体的地理位置、气候、地形地势等因素确定。鸭舍间距不小于鸭舍高度的 3～5 倍时，可以基本满足日照、通风、卫生防疫、防火等要求。一般密闭式鸭舍间距为 10～15 米；开放式鸭舍间距约为鸭舍高度的 5 倍。

第三节 鸭舍建设

鸭舍与设备用具设计合理，可有效预防鸭舍外有害病原微生物侵入。

一、建筑要求

1. 种蛋库

专业户饲养模式的要设有种蛋库用于存放鸭的种蛋。种蛋库要求有良好的通风条件以及良好的保温和隔热降温性能，库内温度宜保持在10～20℃。种蛋库内要防止蚊、蝇、鼠和鸟的进入。种蛋库的室内面积以足够在种蛋高峰期放置蛋盘，并操作方便为度。

2. 孵化室

专业户饲养模式设置的孵化场应是现代建筑物，它包括种蛋贮存室、孵化室、出雏室、雏鸭分级存放室以及日常管理所必需的房室。应根据流程要求及服务项目来确定孵化场的布局，安排其他各室的位置和面积，既能减少运输距离和人员在各室的往来，又有利于防疫工作和提高建筑物的利用率。

雏鸭孵化若不用于销售，根据种蛋来源及数量，可养殖的鸭数量、孵化批次、孵化间隔、每批孵化量确定孵化形式、孵化室、出雏室及其他各室的面积。孵化室和出雏室面积还应根据孵化器类型、尺寸、台数和留有足够的操作面积来确定。

(1)孵化厅、场空间：采用机器孵化，孵化场用房的墙壁，地面和天花板，应选用防火，防潮和便于冲洗的材料，孵化场各室(尤其是孵化室和出雏室)最好为无柱结构，以便更合理安装孵化设备和操作。门高2.4米左右，宽1.2～1.5米，以利于种蛋和蛋架车等的运输。地面至天花板高3.4～3.8米。孵化室与出雏室之间应设缓冲间，既便于孵化操作，又利于防疫。

孵化厅的地面要求坚实、耐冲洗的水泥或地板块等。孵化设备前应开设排水沟，上盖铁栅栏(横栅条，以便车轮垂直通过)与地面保持平整。

(2)孵化厅的温度与湿度：环境温度应保持在22～27℃，环境相对湿度应保持在60%～80%。

(3)孵化厅的通风：孵化厅应有很好的排气设施，目的是将孵化机中排出的高温废气排出室外，避免废气的重复使用。为向孵化厅补充足够的新鲜空气，在自然通风量不足的情况下，应安装进气巷道和进气风机，新鲜空气最好经空调设备升(降)温后进入室内，总进气量应大于排气量。

(4)孵化厅的供水：加湿、冷却的用水必须是清洁的软水，禁用镁、钙含量较高的硬水。供水系统接头(阀门)一般应设置在孵化机后或其他方便处。

(5)孵化厅的供电：要有充足的供电保证，并按说明书安装孵化设备；每台机器应与电源单独连接，安装保险，总电源各相线的负载应基本保持平衡；经常停电的地区建议安装备用发电机，供停电使用；一定要安装避雷装置，避雷地线要埋入地下1.5～2米深。

3. 育雏舍

育雏的好坏，对其后的生产性能影响很大。无论种鸭和肉用鸭都要经过育雏阶段。可以说，育雏的好坏是养鸭生产的关键之一。雏鸭与脱温后的育成鸭、成年鸭的生理状态差异较大，对环境条件的要求也不同。“一段式”养殖不需建幼雏舍，育雏时可根据育雏数量在育肥舍用塑料布隔出育雏舍即可。“两段式”养殖，雏鸭从孵出到脱温期间是在育雏舍培育的。育雏舍的基本要求如下：

(1)保温性能良好：1周龄内的雏鸭舍内温度需控制在28～25℃，保温伞(灯)下温度达35～30℃。为了达到这个温度要求，育雏舍要求保温性好，门窗关闭能严密，舍内空间尽可能小，为此可在离地面高1.6～2米装修隔热层。

(2)利于干燥和通风：雏鸭生长发育快，饲养密度大，呼吸的空气量和散发的水分都较大，如不能解决好育雏舍的通风和排湿，就易造成舍内空气混浊和潮湿，病原微生物大量繁殖，诱发疫病。

(3)利于清洁和有效消毒：雏鸭的生理机能不完善，抵抗力较弱，易受到病原微生物的侵害引起疫病和死亡，造成生产的重大损失。有效地提高雏鸭育成率、减少疫病发生与流行的重要技术措施就是育雏舍实行“全进全出”制，在每批鸭群育雏结束后，对育雏舍内外环境和工具进行尽可能彻底的清洁与消毒。所以雏鸭舍最好采用混凝土地面，墙面光滑，墙面最好是钢筋混凝土结构，耐酸碱、抗腐蚀，能密封进行熏蒸消毒。

(4)育雏方式：育雏舍可采用网床饲养和多层笼养方式。

4. 育肥鸭舍

育肥鸭舍是用于饲养从脱温后到上市出栏前的育肥鸭。育肥鸭舍的要求比育雏舍要低一些。因为育肥鸭舍饲养的鸭只较大，羽毛已丰满，鸭本身的体温调节系统已较健全，对环境有较强的适应性。鸭舍要求有一定的保温、防暑和通风的性能，特别是要求夏季炎热气候的防暑。此外要考虑饲养规模。育肥的饲养密度因品种类型而有差异，一般每平方米 8 只为佳，在条件有限的情况下，也不能超过10只。

5. 后备鸭舍

后备鸭舍建筑的基本要求类似于育雏舍，保暖要求没有育雏舍那样严格。随着鸭的生长，代谢量增大，对鸭舍的通风换气和空气新鲜的要求提高。室内四周要设窗户，以增加采光。正面窗户宜多，侧面和后面宜少。其他可参照“种鸭舍”。

6. 种鸭舍

专业户饲养模式设置的种鸭舍，主要供种用鸭产蛋用，休产期的种用鸭也在其中饲养，也可用作饲养育成阶段以后至性成熟前的鸭。种鸭舍可设在同地养殖场内，有条件者最好异处设置。

为提高产蛋量和种蛋质量，在过冷、过热或一年四季温差大的地区，种鸭舍的隔热保暖性能要做到冬暖夏凉。由于种鸭体重最大，代谢活动较育雏阶段和育成阶段旺盛得多，种鸭舍要求通风条件好。鸭的性成熟和产蛋量，可通过人工辅助光照来促进，因此，种鸭舍内要有照明装置，以便提供人工辅助光照。一般光照强度保持每平方米 2～3 瓦。

种鸭舍的具体设计，要根据种鸭数目以及走道宽度决定。其舍内网上需分成若干栏，以便在休产期将公、母鸭分开饲养；在繁殖产蛋期，则每个小栏饲养一个繁殖群。墙壁应涂防水材料，沿墙放置巢箱。

二、鸭舍类型

目前鸭生产的鸭舍建筑类型较多，按建筑结构和性能不同，可分为开放式和密闭式两大类。只要饲养管理得当，不管密闭鸭舍还是开放鸭舍，同样可以获得高产。

1. 开放式鸭舍

开放式鸭舍多采用自然通风换气和自然光照与补充人工光照相结合。其优点是在鸭舍的设计、建材、施工工艺和内部设施等方面要求较为简单，造价低，投资少，施工周期短。可以充分利用空气、自然光照等自然资源，运行成本低，减少能源消耗；如果配备一定的设备和设施，在气候较为温暖的地区，鸭群的生产性能也有较好的表现。其缺点是舍内环境受外界环境变化影响较大，舍内环境不稳定，鸭的生产性能会受影响。这类鸭舍分为有窗式鸭舍（见彩图 1）和开放式卷帘鸭舍两种形式。

(1)有窗式鸭舍：鸭舍两侧安有玻璃窗，靠饲养员启闭门窗进行通风换气，目前我国饲养育肥鸭绝大多数采用这种鸭舍。这种鸭舍的优点是造价低，结构简单，适用于一般育肥鸭场和专业户使用。缺点是利用自然通风、自然光照，舍内环境条件很不稳定，受外界自然条件影响很大，不利于鸭群的生长发育。

(2)卷帘开放式鸭舍：此类鸭舍兼有密闭式和开放式鸭舍的优点，在我国的南、北方无论是高热地区还是寒冷地区都可以采用。鸭舍的屋顶材料采用石棉瓦、彩钢瓦、普通瓦片、玻璃钢瓦，并且采用防漏隔热层处理。此种鸭舍除了在离地 15 厘米以上建有 50 厘米高的薄墙外，其余全部敞开，在侧墙壁的内层和外层安装隔热卷帘，由机械传动，内层卷帘和外层卷帘可以分别向上和向下卷起或闭合，能在不同的高度开放，可以达到各种通风要求。夏季炎热可以全部敞开，冬季寒冷可以全部闭合。

2. 封闭式鸭舍

这种鸭舍也称无窗鸭舍，或叫控制环境鸭舍。这种鸭舍设置的应急窗，除在断电时临时开窗通风换气以外，平常是封闭的。采用机械喂料，机械通风换气，人工光照，鸭处于人工控制的封闭环境中，受外界干扰少，有利于鸭的生长发育。但一次性投资大，建筑造价高，光照、通风、降温等都离不开电源，对电源的依赖性很强，耗电量很大，没有电源保证就不能使用。由于密闭式鸭舍饲养密闭度很大，夏天必须有良好的通风和降温设施，否则会有热死鸭的现象。这种鸭舍适于大规模育肥鸭生产和寒冷地区采用。

三、鸭舍各部结构要求

1. 地基

地基指墙突入地面的部分，是墙的延续和支撑，决定了墙和鸭舍的坚固和稳定性，主要作用是承载重量。要求基础要坚固、抗震、抗冻、耐久，应比墙宽 10～15 厘米，深度为 50 厘米左右，根据鸭舍的总荷重、地基的承载力、土层的冻胀程度及地下水情况确定基础的深度，基础材料多用石料、混凝土预制或砖。如地基属于黏土类，由于黏土的承重能力差，抗压性不强，为加强基础处理，基础应设置得深厚一些。

2. 墙壁

墙是鸭舍的主要结构，对舍内的温度、湿度状况起重要作用（散热量占 35%～40%）。墙具有承重、隔离和保温隔热的作用。墙体的多少、有无，主要取决于鸭舍的类型和当地的气候条件。要求墙体坚固、耐久、抗震、耐水、防火，结构简单，便于清扫消毒，要有良好的保温隔热性能和防潮能力。墙体材料可用砖砌或用彩钢瓦。砖砌厚度为 24 厘米，如要增加承重能力，可以把房梁下的墙砌成 37 厘米。彩钢瓦墙体厚度 10 厘米。

3. 门、窗

门、窗的大小关系到采光、通风和保暖，有窗式鸭舍的门、窗面积较大，窗地面的高度为50厘米，高1.2～1.8米，宽1.8～2米。窗的面积为地面面积的15%～20%。

鸭舍的门高为2米并设在一头或两头，宽度以便于生产操作为准，一般单扇门宽1米，双扇门宽1.6米左右。

4. 排气孔

无论是开放式鸭舍或封闭式鸭舍都应设有排气孔，每间设一直径15厘米的排气孔，棚内长度至少3米，且排气孔的两端采用弯头设计，冬季舍内要安装弯头，夏季可以取下（舍外部分见彩图1、舍内部分见彩图2）。

5. 屋顶的式样

屋顶具有防水、防风沙、保温隔热的作用。屋顶的形式主要有双坡屋顶（两窗户中间的屋顶安装一个80厘米×80厘米的带盖天窗，见彩图3）、平屋顶、拱形屋顶，炎热地区用气楼式和半气楼式屋顶。要求屋顶防水、保温、耐久、耐火、光滑、不透气，能够承受一定重量，结构简便，造价便宜。屋顶高度一般地区净高3～3.5米（墙高2米，屋顶架高1.5米），严寒地区为2.4～2.7米，如是高床式鸭舍，鸭舍走道距大梁的高度应达到2米以上，避免饲养管理人员工作时碰头或影响工作。屋顶材料多种多样，有水泥预制屋顶、瓦屋顶、砖屋顶、石棉瓦和钢板瓦屋顶等。石棉瓦和钢板瓦屋顶内面要铺设隔热层，提高保温隔热性能。简便的天棚是在屋梁下钉一层塑料布。

6. 地面

地面结构和质量不仅影响鸭舍内的小气候、卫生状况，还会影响鸭体及产品的清洁，甚至影响鸭的健康及生产力。要求鸭舍的地面高出舍外地面至少30厘米，平坦、干燥，有一定坡度，以便舍内污水的顺利排出。地面和墙裙要用水泥硬化。在潮湿地区修建鸭舍时，混凝土地面下应铺设防水层，防止地下水湿气上升，保持地面干燥。

为了有利于舍内清洗消毒时的排水，中间地面与两边地面之间应有一定的坡度，并设排水通道，舍外要设有 30 厘米宽排水沟到场外污水处理设施。排水通道要有防鼠及其他动物进入的设施，如铁网等。

7. 鸭舍的跨度

鸭舍的跨度一般为 9～12 米，净宽 8～10 米，过宽不利于通风；鸭舍长度为 50～80 米，每间 3 米。也可根据饲养规模、饲养方式、管理水平等诸多具体情况而定。

8. 鸭舍内人行过道

多设在鸭舍的中间，宽为 1.2 米左右。

第四节　饲养设备及用具

无论采用何种养殖方式，都必须配备相应的设备及工具。

一、孵化所需设备

专业户饲养模式的孵化场从种蛋进入到雏鸭发送，需要各种配套设备，各设备的种类和数量随孵化规模等而定，其中最重要的设备为孵化器，目前多为模糊电脑孵化器，其他一些孵化器也相继并存。值得指出的是，很多孵化器厂家并无鸭蛋专用孵化器，若为鸡蛋孵化器，则按 40%计算孵化器容量，但要用鸭蛋专用蛋盘和蛋车。总之，只要孵化器工作稳定性好，密闭性能好，装满蛋后温差小，检修和清洗等方便，控温系统灵敏，省电即可。

1. 孵化机类型

孵化机的类型多种多样，按供热方式可分为电热式、水电热式、水热式等；按箱体结构可分为箱式（有拼装式和整装式两种）和巷道式；按放蛋层次可分为平面式和立体式；按通风方式可分为自然通风和强力通风式。孵化机类型的选择主要应根据生产条件来决定。在电源充足稳定的地区以选择电热箱式或巷道式孵化机为最理想。拼装式、箱式孵化机安装拆卸方便；整装箱式孵化机箱体牢固，保温性能较好；巷道式孵化机孵化量大，多为大型孵化厂采用。

2. 孵化机型

(1)孵化机的容量：应根据孵化厂的生产规模来选择孵化机的型号和规格，当前国内外孵化机制造厂商均有系列产品。每台孵化机的容蛋量从数千枚到数万枚，巷道式孵化机可达到6万枚以上。

(2)孵化机的结构及性能：综合孵化设备现状来看，国内外生产的孵化器的结构基本大同小异，箱体一般都选用彩塑钢或玻璃钢板为里外板，中间用泡沫夹层保温，再用专用铝型材组合连接，箱体内部采用大直径混流式风扇对孵化设备内的温度、湿度进行搅拌，装蛋架均用角铁焊接固定后，利用蜗轮蜗杆型减速机驱动传动，翻蛋动作缓慢平稳无颤抖，配选不同禽蛋的专用蛋盘，装蛋后一层一层地放入装蛋铁架，根据操作人员设定的技术参数，使孵化设备具备了自动恒温、自动控湿、自动翻蛋与合理通风换气的全套自动功能，保证了受精禽蛋的孵化出雏率。

目前，优良的孵化设备当数模糊电脑控制系统，它的主要特点：温度、湿度、风门联控，减少了温度场的波动，合理的负压进气、正压排气方式，使进风口形成负压，吸入新鲜空气，经加热后均匀搅拌吹入孵化蛋区，最后由出气口排出。孵化厅环境温度偏高时，冷却系统会自动打开，实施风冷，风门也会自动开到最大，加快空气的交换。全新的加热控制方式，能根据环境温度、机器散热和胚胎发育周期自动调节加热功率，既节能又控温精确。有两套控温系统，第一套系统工作时，第二套系统监视第一套系统，一旦出现超温现象时，第二套系统自动切断加热信号，并发出声光报警，提高了设备的可靠性。第二套控温系统能独立控制加温工作。该系统还特加了加热补偿功能，最大限度地保证了温度的稳定。加热、加湿、冷却、翻蛋、风门、风机均有指示灯进行工作状态指示；高低温、高低湿、风门故障、翻蛋故障、风扇断带停转、电源停电、缺相、电流过载等均可以不同的声讯报警；面板设计简单明了，操作使用方便。

(3)孵化机自控系统：有模拟分立元件控制系统、集成电路控制系统和电脑控制系统3种。集成电路控制系统可预设温度和湿度，并能自动跟踪设定数据。电脑控制系统可单机编制多套孵化程序，也可建立中心控制系统，一个中心控制系统可控制数十台以上的孵化单机。孵化机可以数字显示温度、湿度、翻蛋次数和孵化天数，并设有超高、低温报警系统，还能自动切断电源。

(4)孵化机技术指标：孵化机的技术指标的精度不应低于所列下限指标。温度显示精度0.1～0.01℃，控温精度0.2～0.1℃，箱内温度场标准差0.2～0.1℃，湿度显示精度2%～1%RH，控湿精度3%～2%RH。

(5)出雏器：与孵化机相同。如采用分批入孵、分批出雏制，一般出雏机的容蛋量按1/4～1/3与孵化机配套。

3. 挑选

养殖场和专业户在选购孵化器时，应考虑以下几个方面：

(1)孵化率的高低是衡量设备好坏的最主要指标，也是许多孵化场不惜重金更换先进孵化设备的主要原因。机内的温度场应该均匀，没有温度死角，否则会降低出雏率；控温精度，汉显智能要好于模糊电脑，模糊电脑要好于集成电路。

(2)机器使用成本，如电费及维修保养费用等。

(3)电路设计要合理，有完善的老化检测设备。另外，整机装完后应老化试验一段时间，检测后才能出厂使用。

(4)售后服务好。一是服务的速度快；二是服务的长期性。应尽可能选择规模较大、发展势头好、能提供长期服务的厂家。

(5)使用寿命长。使用寿命主要取决于材料的材质、用料的厚薄及电器元件的质量，选购时应详加比较。另外，产品类型也是选择孵化机时应特别注意的方面。

4. 孵化配套设备

(1)发电机:用于停电时的发电。

(2)水处理设备:孵化场用水量大,水质要求高,水中含矿物质等沉淀物易堵塞加湿器,须有过滤或软化水的设备。

(3)运输设备:用于孵化场内运输蛋箱、雏盒、蛋盘、种蛋和雏鸭。

(4)照蛋器:照蛋器多采用手持式。

(5)蛋盘和蛋车:鸭蛋孵化专用蛋盘和蛋车。

(6)高压水枪:用于冲洗地面、墙壁和设备。

(7)其他设备:移盘设备、连续注射器、专用的雏鸭盒(可用雏鸡盒代替)等。

二、养殖所需设备

(一)网床

网上养鸭是指鸭只整个饲养期都在房舍内网床上饲养,因此,无论是育肥舍、后备鸭舍还是种鸭舍都要建有网床(育雏舍笼养除外),只是网床的大小、网眼的大小要求不同而已。

一般每栋鸭舍靠房舍两边摆放 2 个网床,网床离地面的距离一般雏鸭为 50 厘米,育肥鸭、后备种鸭、成年种鸭为 1～1.2 米,中间留 1～1.2 米的过道。网上平养一般都用手工操作,有条件的可配备自动供水、给料、清粪等机械设备。

网上平养设备一般由竹板、塑料绳(市场有售)或铁丝搭建。

竹竿(板)网上平养网床(见彩图 4)的搭建是选用 2 厘米左右粗的圆竹竿(板),平排钉在木条上,竹竿间距 2 厘米左右(条板的宽为 2.5～5 厘米,间隙为 2.5 厘米),制成竹竿(板)网架床,然后在架床上面铺塑料网,鸭群就可生活在竹竿(板)网床上。

用塑料绳搭建时(见彩图 5),采用 6 号塑料绳者绳间距 4 厘米、8 号塑料绳绳间距 5 厘米,地锚深 1 米,用紧线器锁紧。

塑料网片宽度有 2 米、2.5 米、3 米等规格,长度可根据养殖房舍长度选择,育雏时网眼采用10毫米×10毫米网目规格,围网高为30厘米;育肥鸭、后备种鸭、成年种鸭网眼采用20毫米×20毫米的,网围高为50厘米。网床要根据不同饲养阶段的饲养密度分成大小不同的栏。栏内留一定面积的采食、饮水的场地,一般采食面积与空置面积比为1∶25。

(二)保温设备和用具

育雏时无论采用“一段式”养殖还是“两段式”养殖都必须有保温设备和用具,保温设备和用具大多数与鸡的育雏保温设备和用具相似,各地可以根据本地区的特点选择使用。

1. 红外线灯

温暖地区可用红外线灯供热。红外线发热元件主要有两种形式:一种是明发射体,所用灯泡为250瓦,一盏250瓦红外线灯泡可供100～150只雏鸭保温;另一种是暗发射体,只发出红外线,因此,在使用时应配置照明灯,其功率为180～500瓦或500瓦以上。随着鸭日龄的增加和季节的变化,应逐渐提高灯泡高度或逐渐减少灯泡数量,以逐渐降低温度。炎热的夏季离网面40～50厘米,寒冷的冬季离网面约35厘米。

此法的优点是舍内清洁,垫料干燥,但耗电多,灯泡易损,供电不稳定的地区不宜采用。若与火炉或地下烟道供热方法结合使用效果较好。

2. 电热保温伞

电热保温伞由电源和伞部组成,其工作原理是利用伞部的反射,将电源发出的热量集中反射到地面。通过温度控制系统(控温仪、电子继电器和水银感温导电表等),使温度保持在适宜的范围内,直径为2米的保温伞可养鸭150～200只。

电热保温伞育雏的优点是清洁卫生,雏鸭可在伞下自由活动,寻找最适宜的温度区域。若在舍温低的环境下,单独使用电热保温伞育雏,效果并不佳,耗电多且舍温难以控制。

3. 煤炉供温

煤炉是我国广大农村，特别是北方常用的供暖方式。可用铸铁或铁皮火炉，燃料用煤块、煤球或煤饼均可，用管道将煤烟排出舍外，以免舍内有害气体积聚。保温良好的房舍，每20～30平方米设1个煤炉即可。

此法适合于各种育雏方式，但若管理不善，舍内空气中烟雾、粉尘较多，在冬季易诱发呼吸道疾病。因此，应注意适当通风，防止煤气中毒。

4. 热水供温

利用锅炉和供热管道将热水送到鸭舍的散热器中，然后提高舍内温度。此法温度稳定，舍内卫生，但一次投入大，运行成本高，适用于大型鸭场。

5. 热风炉

热风炉（见彩图6）是集中式采暖的一种方式，可采用一个集中的热源（锅炉房或其他热源），将蒸汽或预热后的空气通过管道输送到舍内，空气温度可以自动控制，是目前禽类养殖使用最多的一种供热方式。

鸭舍采用热风炉采暖，应根据饲养规模确定不同型号的供暖设备。如210兆焦热风炉的供暖面积可达500平方米，420兆焦热风炉供暖面积可达800～1000平方米。

（三）饲料加工设备

现代化、高效益的肉鸭生产，大多采用全价配合饲料。因此，除“公司＋农户”养殖模式以外，其他养殖模式都必须备有饲料加工设备。对不同饲料原料，在喂饲之前进行一定的粉碎、混合和制粒。

1. 饲料粉碎机

一般精、粗饲料在加工全价配合料之前，都应粉碎。粉碎的目的，主要是提高肉鸭对饲料的消化吸收率，同时也便于将各种饲料混合均匀和加工成多种饲料（如粉状、颗粒状等）。在选择粉碎机时，要求机器通用性好(能粉碎多种原料),成品粒度均匀,结构简单,使用、维修方便的产品。

目前生产中应用最普遍的多为锤片式粉碎机,这种粉碎机主要是利用高速旋转的锤片来击碎饲料。工作时,物料从喂料斗进入粉碎室,受到高速旋转的锤片打击和齿板撞击,使物料逐渐粉碎成小碎粒,通过筛孔的饲料细粒经吸料管吸入风机,转而送入集料筒。

2. 饲料混合机

自行配料饲料混合机是不可缺少的重要设备之一。混合按工序大致可分为批量混合和连续混合 2 种。批量混合设备常用的是立式混合机或卧式混合机,连续混合设备常用的是桨叶式连续混合机。生产实践表明,立式混合机动力消耗较少,装卸方便;但生产效率较低,搅拌时间较长,适用于小型饲料加工。卧式混合机的优点是混合效率高,质量好,卸料迅速;其缺点是动力消耗大,一般适用于大型饲料加工。桨叶式连续混合机结构简单,造价较低,适用于较大规模的专业户养鸭场。

3. 饲料压粒机

自行配料生产颗粒饲料还需要压粒机,目前生产中应用最广泛的是环模压粒机和平模压粒机。环模压粒机又可分为立式和卧式 2 种。立式环模压粒机的主轴是垂直的,而环模圈则呈水平配置;卧式环模压粒机的主轴是水平的,环模圈呈垂直配置。一般小型厂(场)多采用立式环模压粒机,大、中型厂(场)则采用卧式压粒机。

(四)饲喂工具

1. 喂料设备

喂料设备很多,可分为普通喂料设备和机械喂料设备两大类。对于中小型养鸭者来说,机械喂料设备投资大,管理、维修困难,因此宜采用普通喂料设备手工添料方式,借助手推车装料,一名饲养员可以负担 2000~3000 只鸭的饲养量。普通喂料设备具有取材容易、成本低、便于清洗消毒与维护等优点,深受广大养鸭户的喜爱。

普通喂料设备目前多使用料盘、料桶、料槽。料盘随鸭大小与饲养方式而异,但各种食槽都要求平整光滑,便于鸭采食又不浪费饲料,并便于清洗消毒。不论采用何种喂料设备和给料方式,都必须合理安放喂料设备的位置,使喂料设备与鸭的胸部平齐。

(1)料盘:主要用于开食,每个料盘可养雏鸭 35～40 只。

(2)料桶:可用于各个饲养阶段,料桶材料多为塑料,容量为 3～10 千克,其特点是容量大,可一次添加大量饲料,饲喂次数少,对鸭群影响小,但应注意布料均匀。每个桶可供 30 余只鸭自由采食用。

(3)自动喂料系统:由人工加料于料箱,其余全部是自动化喂料。该系统包括驱动器、料箱、料槽、输料管和转角器,饲料在驱动器钢缆带动下,经料箱和输料管进入料槽供鸭采食。

2. 饮水设备

供鸭饮水的设备,其形式和花样多种多样,目前,生产中常使用的饮水器主要有塔形真空饮水器和吊式自动饮水器等。

(1)塔形真空饮水器:塔形真空饮水器多由尖顶圆桶和直径比圆桶略大的底盘构成。

圆桶顶部和侧壁不漏气,基部离底盘高 2.5 厘米处开有 1～2 个小圆孔。利用真空原理使盘内保持一定的水位直至桶内水用完为止。这种饮水器构造简单、使用方便,清洗消毒容易。

塔形真空饮水器的容量 1～3 升,盘的直径为 160～220 毫米,槽深 25～30 毫米,可供鸭只数量 70～100 只,适用于一般肉鸭场和专业户。

(2)吊式自动饮水器:吊式自动饮水器具有节约饮水、调节灵活、清洁卫生的优点,但投资较大,水箱、限压阀、过滤器等部件必须配好,并严格管理,否则容易漏水。吊式自动饮水器饮水盘直径 260 毫米,饮水盘高度 53 毫米,饮水盘容水量为 1 千克,可供 50～80 只鸭使用。饮水器的高度应根据鸭的不同周龄的体高进行调整。

(五)通风设备

鸭舍的通风分自然通风和机械通风 2 种,但通常是自然通风和机械通风结合使用。在设计通风系统时,不仅要考虑鸭的饲养密度和当地最高气温,而且要注意通风均匀,应参考每只鸭的换气标准量与饲养只数,计算出需要的换气量,然后根据待安装的风机性能算出应配备的风机台数。

1. 自然通风

自然通风则使用窗口,在自然风力和温差的作用下进行,窗口总面积(在华北地区)一般为建筑面积的 1/3 左右。为了鸭舍内通风均匀,窗口应对称且均匀分布。为了调节通风量,还可把窗子做成上下两排,根据通风量要求开关部分窗户,既可利用自然风力,又可利用温差的通风作用。而在冬季,为了不让冷风直接吹到鸭身上,还可安装通风孔,使风经过通风孔进入鸭舍。比较理想的窗户结构分为三层装置,内层为铁丝网,有利于防止野鸟类入舍和防止兽害等,中间是玻璃窗框架,外层是塑料薄膜,主要用于冬季保温。

自然通风主要利用门窗和天窗(80 厘米×80 厘米的带盖天窗)的开闭程度来调节通风量。当外界风速较大或内外温差大时通风效果明显;夏季天气闷热、风速小时,自然通风效果不大。这种通风方式简单、投资少,但难以随时保证所需的良好通风状态。

2. 机械通风

鸭舍的机械通风方式主要包括 2 种,即横向式通风和纵向式通风,这两种通风方式各有利弊,在鸭舍设计中可根据具体实际选用适宜的方式。

(1)横向式通风:当鸭舍长度较短、跨度不超过 10 米时,多采用横向式通风。横向式通风主要有正压系统和负压系统两种设计。

所谓正压通风系统是靠风机将外界新鲜空气吸入舍内,使舍内空气因气压增大又自行由排气口排出舍外的气体交换方式,该系统虽然可调节舍内温度,改善舍内空气分布状况,减少舍内贼风等,但因其具有设备成本高、费用大、安装难度大、适用范围较窄等缺点，故在生产实践中，使用较少。

应用比较普遍的是负压通风系统，模向式负压通风系统设计安装方式较多，较广为采用的主要是穿透式通风。穿透式通风是指将风机安装在侧墙上，在风机对侧墙壁的对应部位设进风口，新鲜空气从进风口流入后，穿过鸭舍的横径，排出舍外。此通风设计要求排风量稍大于进气量，使舍内气压稍低于舍外气压，有利于舍外新鲜空气在该负压影响下自动流进鸭舍。一般的空气流速夏季为 0.5 米/秒，冬季为 0.1～0.2 米/秒，此可用球式风速计测定。测定了空气流速及通风面积后，便可计算出通风量。通风量(立方米/小时)＝3600×通风面积(平方米)×空气流速(米/秒)。

(2)纵向式通风：当鸭舍长度较长，达 80 米以上，跨度在 10 米以上时，则应采用纵向式通风，这样，既优化了鸭舍通风设计的合理性，降低了安装成本，也可获得较理想的通风效果。纵向式通风是指将风机安装在鸭舍的一侧山墙上，在风机的对面山墙或对面山墙的两侧墙壁上设立进风口，使新鲜空气在负压作用下，穿进鸭舍的纵径排出舍外。实行纵向通风，6500 立方米/小时排风量的风机安装 3 台，9500 立方米/小时排风量的风机安装 2 台，安装高度可在网上 60～80 厘米处，排风机的扇面应与墙面成 100°角，可增加 10%的通风效率，空气流速为 2.0～2.2 米/秒，每台风机的间距以 2.5～3.0 米为宜。有关通风量的计算请参见“横向式通风系统”。因鸭舍纵向式通风系统具有设计安装简单、成本较低、通风和降温效果良好等优点，在目前养鸭生产上已广为采用。

(六)清粪设备

清粪机械在养鸭生产中不仅可以大大地提高劳动生产率，而且还能有效地影响鸭的生产，增加经济效益。

1. 结构原理

刮粪板方式简单易行，主要用于平养鸭舍中。机械组成主要有电动机(最大功率1.5千瓦,3千瓦)、减速器(减速器的减速比一般为1∶40～1∶60)、刮板(刮板每分钟行走2～3米)、钢丝绳或亚麻绳与转向开关等设备(见彩图7)。通过各部件配合牵动刮粪板在粪沟内来回移动达到清粪效果。

2. 安装要求

可使用220伏单相电源,安装示意图见图2-1。

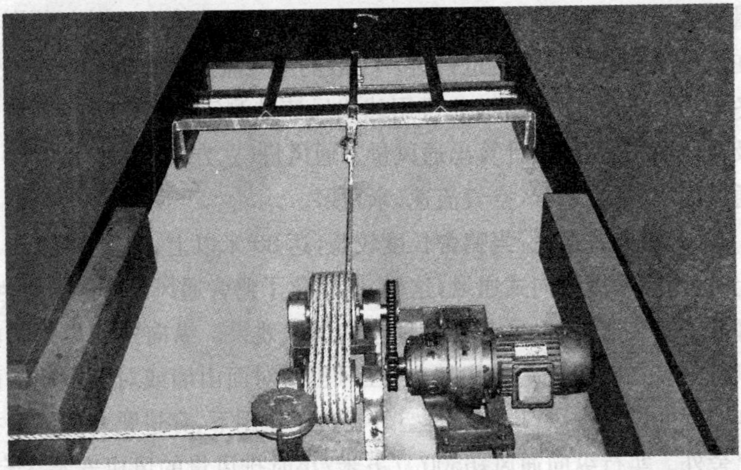

图2-1　刮粪机安装示意图

(1)粪槽表面应为水泥(或其他坚硬材料)地面,表面平整光滑,牵引方向(纵向)坡度应不大于0.3%,横向水平度不大于0.2%,斜度只允许向运动方向倾斜,表面不得有凹坑沟槽。

(2)牵引绳(链)的绳轮(链轮)与转角轮沟槽中心线应在同一平面,偏差不得大于10毫米。

(3)转角轮与绳轮的安装应牢固可靠。

(4)限位清洁器及清洁器与牵引绳中心应对正,牵引绳不得碰磨清洁器与压板中心槽内壁。

(5)刮粪板工作时,在整个宽度上刀口应与地面接触良好。刮板起落灵活,无卡碰现象。

(6)清粪机空运转时不得有异响。牵引绳不得有抖动,工作应平稳。

(7)安全离合器在允许负荷内,应结合可靠,超过负荷时应能完全分离。

(8)往复清粪机相邻两个刮板工作行程的重叠长度应不小于1米。

(9)采用这种方式要注意机件各部位的保养与维修,特别是钢丝绳很容易腐蚀,要经常检查。

此外,还有利用高压水枪的冲力来清粪的。利用高压水枪清粪比较简单而且干净,但需较多量的水,且冲出舍外的鸭粪不便于作有机肥料使用,易造成对环境的污染。

(七)清洗消毒设施

为做好鸭场的卫生防疫工作,保证鸭只健康,鸭场必须有完善的清洗消毒设施。设施包括人员、车辆的清洗消毒和舍内环境的清洗消毒设施。

1. 人员的清洗、消毒设施

一般在鸭场入口处设有人员脚踏消毒池,外来人员和本场人员在进入场区前都应经过消毒池对鞋进行消毒。同时还要放洗手盆,里面放消毒水,出入鸭舍要消毒洗手,还应备有在鸭舍内穿戴的防疫服、防疫帽、防疫鞋。条件不具备者,可用穿旧的衣服等代替,清洗干净消毒后专门在鸭舍内穿用。

2. 车辆的清洗消毒设施

鸭场的入口处设置车辆消毒设施,主要包括车轮清洗消毒池和车身冲洗喷淋机。

3. 场内清洗、消毒设施

舍内清洗多采用高压水枪。舍内地面、墙面、屋顶及空气的消毒多用喷雾消毒和熏蒸消毒。喷雾消毒采用的喷雾器有背式、手提式、固定式和车式高压消毒器,熏蒸消毒采用熏蒸盆,熏蒸盆最好采用陶瓷盆或金属盆，切忌用塑料盆，以防火灾发生。

(八)其他用具

1. 产蛋巢或产蛋箱

种鸭舍多采用开放式产蛋巢或产蛋箱，在网床时靠墙放置，巢内铺以垫草，让鸭自由进入产蛋和离开。

2. 运输笼

用作专业户育肥鸭的运输，铁笼或竹笼均可，每只笼可容纳8～10只，笼顶开一小盖，盖的直径为35厘米，笼的直径为75厘米，高40厘米。

3. 照明设备

饲养雏鸭一般用普通电灯泡照明，灯泡以15瓦和40瓦为宜，1～6日龄用40瓦灯泡，7日龄后用15瓦灯泡。每20平方米使用一个，灯泡高度以1.5～2米为宜。若采用日光灯和节能灯可节约用电量50%以上。

4. 干湿温度计

一栋鸭舍内至少悬挂2支干湿温度计。

5. 饲料贮藏间

采用饲喂全价料的方式，鸭场可不设饲料加工房。自己加工饲料的鸭场，应根据饲养规模购置原料粉碎机、饲料搅拌机、饲料制粒机、成品料包装等设备、原料储存仓等。

饲料储存时间不宜过长，按储存3天的饲料量计，饲养后期5000只鸭每天每只自由采食耗料150克，则每天耗料150×5000＝750千克，3天需2100千克，可按储存3吨设计以满足需要。

6. 其他设施

药品储备室、兽医化验室、解剖室、储粪场所及鸭粪无害化处理设施、配电室及发电房、场区厕所、塑料桶、小勺、料撮、秤(用来称量饲料和鸭体重)、铁锹、笤帚、叉子、水桶、刷子等可根据需要自行准备。

第三章　鸭的营养与饲料

鸭与其他家禽一样，为了维持生命、生长和繁殖，需不断地从饲料中摄取能量、蛋白质、无机盐、维生素、水等营养物质，经过消化道消化吸收将营养素转化成骨骼、羽毛、肌肉、脂肪等。

第一节　鸭的营养需求

肉鸭的营养要求各种营养比例适当的全价配合饲料，任何微量成分的不足或缺乏都可能出现病态反应。

1. 能量

鸭的一切生理活动过程，包括呼吸、循环、消化、吸收、排泄、体温调节、繁殖、生产等都需要能量。能量主要来源于日粮中的碳水化合物和脂肪。鸭对能量的需要是有限的，多余的能量可转化为脂肪贮存在体内。

鸭能量不足时，体重减轻，消瘦，繁殖机能降低，抗病力下降；能量过高，容易肥胖，早熟，对繁殖不利。因此，饲喂鸭要注意种鸭育雏期和育肥期日粮能量水平要高，种鸭育成期要低，其他阶段居中。

2. 蛋白质

鸭对蛋白质的需要实际上是对各种氨基酸的需要。鸭的必需氨基酸有 10 种，即赖氨酸、蛋氨酸、色氨酸、亮氨酸、异亮氨酸、苯丙氨酸、苏氨酸、缬氨酸、精氨酸和组氨酸。其中前 8 种为成年鸭所必需的，后两种为生长鸭所必需的。

在保证蛋白质供应的同时，还应注意蛋白质的品质，即要求蛋白质中氨基酸平衡,以保证充分吸收。各种饲料中蛋白质的氨基酸组成是不同的,生产中应注意合理搭配饲料,必要时补充部分氨基酸。饲喂玉米、豆粕型口粮,容易缺乏蛋氨酸,应补充蛋氨酸;饲喂玉米、花生粕型日粮,易缺乏赖氨酸,应主要补充赖氨酸。日粮中组成蛋白质的氨基酸不平衡时,会造成幼鸭生长缓慢,成年鸭生产性能下降。

鸭蛋白质的来源主要是蛋白质饲料,常用的有豆饼(粕)、花生仁饼(粕)、菜籽饼(粕)、棉仁饼(粕)、鱼粉、肉粉、小杂鱼等。一般口粮中有3%~10%的动物性蛋白质饲料对鸭的生长和繁殖非常有利,尤其是具有鱼腥味的动物性蛋白饲料。

3. 矿物质

矿物质是饲料或组织中的无机部分,按需要量通常分为常量元素和微量元素。常量元素需要量大,以占日粮的百分比计算;微量元素需要量小,以毫克/千克饲料计算。常量元素包括钙、镁、钾、钠、磷、氯、硫,微量元素主要是铁、铜、钴、锰、锌、碘、硒等。

4. 维生素

维生素是维持鸭生长发育、新陈代谢必不可少的物质,其营养价值不亚于蛋白质、碳水化合物和矿物质,包括脂溶性维生素和水溶性维生素两大类。脂溶性维生素包括维生素 A、维生素 D、维生素 E、维生素 K 等。水溶性维生素包括维生素 C 和 B 族维生素,B 族维生素包括维生素 B_1、维生素 B_2、维生素 B_6、烟酸、叶酸、泛酸、生物素、胆碱、维生素 B_{12}。鸭需要 13 种维生素,缺少任何一种都会造成代谢紊乱,生长迟缓,生产力下降,抗病力减弱,直至死亡,但用量过多也会引起疾病的发生。青绿饲料及糠麸饲料中均含多种维生素,只要经常供给鸭优质的青绿饲料,一般情况下不会造成缺乏。

5. 水

水是动物机体组成和体内代谢的重要组成成分,水对保护细胞的正常形态、维持渗透压和体内酸碱平衡起重要作用。鸭口腔内唾液腺不发达,每采食一口料就饮一次水,以保证食物顺利下咽,若供水不足，将会影响正常采食。缺水和长期饮水不足，使机体健康受损，生长发育不良或体重下降，产蛋量迅速下降，蛋壳变薄，蛋重减轻。当体内水分损失10%时导致代谢紊乱，损失20%就可能造成死亡。因此，必须持续不断地给鸭提供清洁新鲜的饮水，尤其在环境温度较高时，更不能断水。

第二节 鸭常用饲料的选择

饲料成本在养鸭成本中占到70%左右，选择何种饲料直接关系到鸭饲养的经济效益。

一、购买饲料

根据国内目前的情况，“公司+农户”养殖模式的养殖者需采用公司提供的饲料，专业户饲养模式的养殖者可以采用信誉较好的中型或大型饲料厂生产的价格适中的肉鸭专用全价颗粒饲料、预混料。不要贪图便宜，到一些小型饲料加工厂或代销处购买无商标、无批准文号、无检验合格证的饲料。

1. 选购优质全价饲料

根据不同的生长日龄的营养需求，“公司+农户”养殖模式的公司根据不同阶段提供不同的饲料。

“548”：良种肉小鸭料，0～21日龄饲喂。

“548L”：普通肉小鸭料，0～21日龄饲喂。

“549”：良种肉大鸭料，22日龄～出栏饲喂。

“549L”：普通肉大鸭料，22日龄～出栏饲喂。

2. 选购优质预混料

专业户饲养模式为降低饲料成本，自己购买豆粕、玉米、糠麸等主料，然后再买预混料，自行调制鸭用全价料，这种做法是可以的。但需要提醒养殖者注意的是，预混料的营养成分、结构很复杂，没有一定专业技术的小型饲料生产单位是很难研发出高标准、高质量的饲料配方。因此使用这样的预混料调制出来的饲料就很难做到营养“全价”，必然影响肉鸭的生长发育和养鸭户的经济效益。所以，养殖者自己购买预混料一定要选好厂家，选好品牌，注重质量。

二、自配饲料

专业户饲养模式的养殖者除购买肉鸭专用全价颗粒饲料、预混料外，还可以自行配制。

（一）肉鸭的常用饲料种类

饲料原料按其营养素分为5类，即能量饲料、蛋白质饲料、青绿饲料、矿物质饲料、饲料添加剂（水不列入饲料行列）。

1. 能量饲料

能量饲料是指那些富含碳水化合物和脂肪的饲料，干物质中粗纤维含量在18%以下，粗蛋白质含量在20%以下。这类饲料主要包括禾本科的谷实（玉米、碎米、大麦、燕麦等）、麸糠及块根、块茎类以及动植物油脂等，是鸭饲料的主要成分，用量占日粮的60%左右。

2. 蛋白质饲料

蛋白质饲料一般指饲料干物质中粗蛋白质含量在20%以上，粗纤维含量在18%以下的饲料。蛋白质饲料主要包括植物性蛋白质饲料和动物性蛋白质饲料及酵母。

（1）植物性蛋白质饲料：主要有豆饼（粕）、花生饼、葵花饼、芝麻饼、菜籽饼、棉籽饼等。

（2）动物性蛋白质饲料：主要有鱼粉、肉骨粉、蚕蛹粉、血粉、羽毛粉等。

3. 青绿饲料

青绿饲料是指水分含量为60%以上的青绿饲料、树叶类及非淀粉质的块根、块茎、瓜果类。青绿饲料富含胡萝卜素和B族维生素，并含有一些微量元素，适口性好，对鸭的生长、产蛋及维持健康均有良好作用。常见的青绿饲料有白菜、甘蓝、野菜(如苦荬菜、鸭食菜、蒲公英等)、苜蓿草、洋槐叶、胡萝卜、牧草等。冬春季没有青绿饲料,可喂苜蓿草粉、洋槐叶粉、松针粉或芽类饲料,同样会收到良好效果。

4. 矿物质饲料

矿物质饲料主要为鸭提供钙、磷、钾、钠、氯等常量无机盐饲料和铁、铜、锰、锌、碘、硒等微量元素的无机盐及其他产品。常用矿物质饲料有骨粉、石粉、贝壳粉、食盐、沙粒等。

(1)骨粉:骨粉是家畜的骨骼在炉中加热,经高温、高压、脱胶、脱脂、碾碎而成,含钙约 26%、磷 13%,是良好的钙、磷来源。

(2)贝壳粉:贝壳粉为海产软体动物的外壳粉碎而成,含钙量 38%,常用以补充饲料中钙质的不足,蛋壳粉也有类似的作用。

(3)食盐:在植物性饲料中大多缺少钠和氯,一般日粮中可添加食盐 0.15%~0.30%,既可满足鸭对钠、氯的需要,又有调味、增进食欲的作用。在与鱼粉共用时,使用前注意鱼粉的含盐量,如鱼粉含盐量高(咸鱼粉),就不必再添加食盐,以防食盐中毒。

(4)沙粒:沙粒不是饲料,在日粮中添加沙粒有助于提高鸭胃肌对饲料的研磨力,从而提高饲料的消化利用率。一般在 2~3 周时,喂以粒径 1.5~3.0 毫米的沙粒,每周每只鸭 5~10 克即可。

(5)木炭粉:木炭粉能吸收鸭肠道中的一些有害物质。一般鸭腹泻时在日粮中添加 2%的量饲喂,恢复正常后停喂。

5. 饲料添加剂

鸭常用的添加剂有维生素、微量元素、氨基酸(赖氨酸和蛋氨酸)、抗生素、饲料防霉剂、抗氧化剂等,添加到日粮中,可起到不同的作用,如增加营养,促进生长,增进食欲,防止饲料变质,改善饲料及畜产品品质,进一步提高鸭的生产性能。

(1)维生素添加剂:目前采用较多的是禽用多种维生素。这是一种效果良好的维生素添加剂,省工,省时,但价格很高,市售的质量各异,选购时应慎重。最好采用单一维生素,根据不同鸭种类、不同阶段的维生素需要量，自行配制。

(2)氨基酸添加剂：添加于日粮中的氨基酸主要是植物性饲料中最缺乏的必需氨基酸—蛋氨酸与赖氨酸。在动物性饲料比例较低的日粮中必须补加。

(3)微量元素添加剂：微量元素添加剂常用的有硫酸铜、硫酸钴、硫酸锰、硫酸锌、硫酸亚铁、碳酸铜、碳酸钴、碳酸锰、碳酸锌、碳酸亚铁、氧化铜、氧化钴、氧化锰、氧化锌、氧化亚铁、碘化钾和碘酸钙等。微量元素添加剂在日粮中添加量很少，每1000千克饲料需1～9克。因此，要特别注意混合均匀，否则日粮中某一部分含量过多或过少均会给鸭生长发育造成不良影响。使用的微量元素添加剂必须干燥。

(4)非营养性添加剂

①抗氧化剂：防止脂肪和脂溶性维生素(维生素A、维生素D、维生素E、维生素K)的氧化变质。抗氧化剂有乙氧喹啉、丁基化羟基甲苯(BHT)、丁基化羟基苯甲醚(BHA)，抗氧化剂的用量一般为115克/吨饲料。

②防霉剂：抑制霉菌生长，防止饲料发霉。常用的有丙酸钠、丙酸钙等，添加剂量分别是2.5克/吨和5克/吨。

③促生长剂：抑制有害细菌的生长，同时对鸭的生长有促进作用。常用的促生长剂有对氨基苯胂酸、杆菌肽锌、金霉素、红霉素、呋喃唑酮、土霉素、青霉素、泰乐菌素等。

④酶制剂：日粮中的碳水化合物、蛋白质、脂肪等都需要经过内源酶分解再被鸭吸收，因此，在饲料中添加一些从细菌、真菌和其他微生物中提取制成的复合酶制剂，可以有效地提高对各种营养成分的吸收和利用。复合酶常包括淀粉酶、蛋白酶、脂肪酶以及纤维素酶等。

⑤菌制剂：菌制剂又称EM，即有益微生物。在饲料中添加EM可以抑制家鸭体内的有害菌，提高鸭的抗病力，同时对提高饲料利用率也有一定作用。另外，还可减少氨和其他有害气体的产生，对改善

环境有一定作用。

(5)中草药添加剂:中草药作为畜禽饲料添加剂,具有成本低、无残留药害等优点。现介绍以下原料好找、价格低廉的中草药添加剂,供养殖户在饲养肉鸭中参照使用。

①橘皮:饲料中添加 3%～5%的橘皮,可促进鸭生长,增强抗病力。

②麦芽:一般添加量为 2%～5%,有补充营养、促进鸭生长发育的作用。

③马齿苋:具有清热解毒、止血止痢作用,在饲料中添加 2%～8%,能增加营养,预防疾病。

④仙人掌:将仙人掌去刺捣烂直接饲喂,对治疗禽霍乱、痢疾、伤寒等病均有良效。

⑤蒲公英:在饲料中添加 2%～3%的蒲公英粉,既有健胃、增进食欲的作用,又能促进生长,还能预防消化及呼吸系统疾病。

⑥车前草:既可鲜喂,也可制成干粉添加在饲料中饲喂,添加量为 3%～5%。对鸭呼吸道感染有良好的预防和治疗作用,且具有清热祛湿、强心利尿的作用。

⑦艾叶:加工去净艾叶上的茸毛,即可除去苦味,晒干、粉碎后作为添加剂。雏鸭添加 1.5%,育成鸭添加 2.5%,种鸭添加 2%～3%,可提高产蛋率 10%～20%。

⑧松针粉:将松针叶加工成粉末,在种鸭饲料中添加 5%,产蛋率可提高 14%。

⑨苍术:如在鸭饲料中添加 2%苍术干粉并加入足量的钙粉,对传染性鸭支气管炎、喉气管炎、鼻炎及眼炎等具有良好的预防作用。

⑩野菊花:一般采集鲜花干燥后制粉。在饲料中添加 3%的野菊花干粉,也可将鲜品混入饲料中饲喂。具有明目、散风热、解毒等功效,对预防鸭球虫病、流行性感冒等也有一定的作用。

(二)饲料的配制方法

1. 预混料配制

预混料按说明书添加配料，经过5～6次混合搅拌，即成全价配合饲料。

2. 自配饲料参考配方

(1)雏鸭饲料配方

配方一：玉米64%，麸皮7%，豆饼14%，鱼粉9%，苜蓿粉4%，骨粉2%。

配方二：玉米57.5%，麸皮12%，豆饼20.7%，鱼粉5%，槐叶粉2%，骨粉2.5%，食盐0.3%。

配方三：玉米28%，小麦22%，碎米10%，麸皮2%，米糠饼6%，蚕豆8%，菜籽饼5%，花生饼2%，蚕蛹12%，血粉2%，磷酸氢钙2%，添加剂0.63%，食盐0.37%。

配方四：玉米30%，大麦27%，米粉15%，麸皮5.5%，大豆饼15%，鱼粉6%，骨粉0.55%，磷酸氢钙0.5%，添加剂0.2%，食盐0.25%。

配方五：玉米30%，稻谷11%，木薯20%，花生饼24.8%，鱼粉13%，蚝壳粉1%，食盐0.2%。

(2)后备种鸭饲料配方

配方一：玉米59.6%，碎小麦10%，麸皮13%，豆饼10%，鱼粉5%，骨粉1%，贝粉1%，食盐0.4%。

配方二：玉米55.2%，高粱8%，大麦10%，麸皮11%，豆饼7.5%，鱼粉5.5%，骨粉1.5%，石粉1%，食盐0.3%。

配方三：碎米71%，米糠6%，菜籽饼7%，花生饼7%，鱼粉6%，骨粉2%，贝粉1%。

配方四：玉米32.7%，大麦23%，米粉16%，麸皮12%，豆饼7%，花生饼9.3%。

配方五：玉米66%，麸皮6.5%，豆饼9%，苜蓿草粉6.5%，鱼粉9%，骨粉1%，石粉1%，磷酸氢钙1%。

(3)育肥鸭饲料配方

配方一：玉米64%，麸皮6%，豆饼19%，鱼粉8.7%，骨粉1%，生长素1%，食盐0.3%。

配方二：玉米68.3%，麸皮16%，豆饼2.5%，苜蓿干草粉8%，鱼粉3%，骨粉1%，石粉1%，食盐0.2%。

配方三：糙米、碎米84.9%，芝麻饼9.6%，鱼粉3%，骨粉1%，石粉1.1%，食盐0.4%。

配方四：玉米76.9%，麸皮10%，豆饼6%，鱼粉5%，骨粉1%，石粉1%，蛋氨酸0.1%。

配方五：玉米64.1%，麸皮16%，豆饼5%，苜蓿干草粉9.6%，鱼粉3%，无机盐2%，食盐0.3%。

(4)种母鸭饲料配方

①产蛋前期

配方一：玉米50%，米糠8%，黄豆饼17%，花生麸10%，麦麸4%，淡鱼粉8.2%，骨粉1.5%，食盐0.3%，微量元素1%，另加禽用维生素粉10克。

配方二：玉米50%，稻谷10%，米糠10%，黄豆饼5%，花生麸10%，麦麸5%，淡鱼粉7.2%，骨粉1.5%，食盐0.3%，微量元素1%，另加禽用维生素粉10克。

配方三：玉米30%，稻谷30%，米糠18%，黄豆饼3.7%，麦麸5%，花生麸8%，淡鱼粉3%，骨粉1%，食盐0.3%，微量元素1%，另加禽用维生素粉5克。

②产蛋期

配方一：玉米45%，稻谷5%，米糠8%，黄豆饼11.6%，花生麸10%，麦麸5%，淡鱼粉9%，骨粉2%，贝壳粉3%，食盐0.3%，微量元素1%，蛋氨酸0.1%，另加禽用维生素粉10克。

配方二：豆饼24%，鱼粉3%，玉米42%，高粱10%，麸皮18%，骨粉 2.5%，食盐 0.5%。注意鱼粉的含盐量，调整食盐喂量。

③休产期

配方一：玉米 35%，稻谷 30%，米糠 10%，黄豆饼 5.2%，花生麸 7%，麦麸 5%，淡鱼粉 4%，骨粉 1.5%，贝壳粉 1%，食盐 0.3%，微量元素 1%，另加禽用维生素粉 7 克。

配方二：豆饼 10%，玉米 44%，高粱 10%，麸皮 33%，骨粉 2.5%，食盐 0.5%。注意鱼粉的含盐量，调整食盐喂量。

(5)种公鸭饲料配方

配方一：玉米 55%，豆饼 16%，麸皮 14%，鱼粉 11.85%，骨粉 0.6%，磷酸钙 1.35%，碳酸钙 1.10%，微量元素预混料 0.05%，维生素预混料 0.05%。

配方二：玉米 59%，麸皮 6%，豆饼 17%，鱼粉 4%，肉粉 3%，骨粉 5%，石粉 3.5%，蛋氨酸 0.15%，食盐 0.3%，膨润土 1.41%，添加剂 0.64%。

(三)饲料的加工调制

1. 能量饲料的加工

能量饲料的营养价值和消化率一般都比较高，但是能量饲料籽实的种皮、壳、内部淀粉粒的结构等，都能影响其消化吸收，所以能量饲料也需经过一定的加工，以便充分发挥其营养物质的作用。常用的方法是粉碎，但粉碎不能太细，一般加工成直径 2～3 毫米的小颗粒为宜。

能量饲料粉碎后，与外界接触面积增大，容易吸潮和氧化，尤其是含脂肪较多的饲料，容易变质发苦，不宜长久保存。因此，能量饲料一次粉碎数量不宜太多。

2. 蛋白质饲料的加工调制

这类副产品能量低，包括棉籽壳、菜籽饼、豆饼、花生饼粕等。这类副产品由于粗纤维含量高，作为鸭饲料营养价值低，适口性差，需要进行处理。

(1)棉籽饼去毒法

①硫酸亚铁石灰水混合液去毒:100 千克清水中放入新鲜生石灰 2 千克,充分搅匀,去除石灰残渣,在石灰浸出液中加入硫酸亚铁(绿矾)200 克,然后投入经粉碎的棉籽饼 100 千克,浸泡 3~4 小时。

②尿素或碳酸氢铵去毒:以 1%尿素水溶液或 2%的碳酸氢铵水溶液与棉籽饼混拌后堆沤。一般是将粉碎过的 100 千克棉籽饼与 100 千克尿素溶液或碳酸氢铵溶液放在大缸内充分拌匀,然后倒在地上摊成 20~30 厘米厚的堆,地面先铺好薄膜,堆周用塑料膜严密覆盖。堆放 24 小时后,扒堆摊晒,晒干即可。

③加热去毒:将粉碎过的棉籽饼放入锅内加水煮沸 2~3 小时,可部分去毒。此法去毒不彻底,故在鸭日粮中混入量不宜太多,以占日粮的 5%~8%为佳。

④碱法去毒:将 2.5%的氢氧化钠水溶液,与粉碎的棉籽饼按 1∶1重量混合,加热至 70~75℃,搅拌 30 分钟,再按湿料重的 15%加入浓度为 30%的盐酸,继续控温在 75~80℃,30 分钟后取出干燥。此法去毒彻底,一般不含棉酚。

⑤小苏打去毒:以 2%的小苏打水溶液在缸内浸泡粉碎后的棉籽饼 24 小时,取出后用清水冲洗 2 次,即可达到无毒目的。

(2)菜籽饼去毒法:主要有土埋法、硫酸亚铁法、硫酸钠法、浸泡煮沸法。

①土埋法:挖 1 立方米容积的坑(地势要求干燥、向阳),铺上草席,把粉碎的菜籽饼加水(饼水比为 1∶1)浸泡后装入坑内,2 个月后即可饲用。

②硫酸亚铁法:按粉碎饼重的 1%称取硫酸亚铁,加水拌入菜籽饼中,然后在 100℃下蒸 30 分钟,再放至鼓风干燥箱内烘干或晒干后饲用。

③硫酸钠法:将菜籽饼掰成小块,放入 0.5%的硫酸钠水溶液中煮沸 2 小时左右,并不时翻动,熄火后添加清水冷却,滤去处理液,再

用清水冲洗几遍即可。

④浸泡煮沸法：将菜籽饼粉碎，把粉碎后的菜籽饼放入温水中浸泡 10～14 小时，倒掉浸泡液，添水煮沸 1～2 小时即可。

(3)豆饼（粕）去毒法：一般采用加热法。将豆饼（粕）在温度 110℃下热处理 3 分钟即可。

(4)花生饼（粕）去毒法：一般采用加热法。在 120℃左右，热处理 3 分钟即可。

3. 青绿饲料的加工

(1)切碎法：切碎法是青绿饲料最简单的加工方法，常用于少量养鸭。青绿饲料切碎后，有利于鸭吞咽和消化。

(2)干燥法（制成青干草）：干燥的牧草及树叶经粉碎加工后，可供作配合鸭饲粮的原料，以补充饲粮中的粗纤维、维生素等营养。

青绿饲料主要是高产优质的豆科牧草，如苜蓿、沙打旺、草木樨、三叶草、红豆草、野豌豆以及豆科和禾本科牧草等。调制青干草的饲料收割要适时，豆科牧草在始花期到盛花期收割，禾本科牧草在抽穗期到开花期收割，饲料玉米与大豆在籽实接近饱满时收割。

青绿饲料干燥方法：

①自然快速干燥：将收割后的牧草在原地暴晒 5～7 小时，当水分含量降至 30%～40%时，再移至避光处风干，待水分降至 16%～17%时，就可以上垛或打包贮存备用。自然晾晒或阴干调制是目前最简单、最普通的青干草制作方法，但营养物质损失较多。

②高温干燥：刚刈割收获的原料水分含量为 80%～85%，当天气晴朗时，可就地翻晒风干 3～4 小时，使原料水分含量降低到 65%左右。将切碎的草，置于牧草烘干机中，通过高温空气，使草迅速干燥，含水量下降到 15%以下。

③常温鼓风干燥：将刈割后的草在田间预干到含水量为 50%左右时，置于设有通风道的草棚下，用普通鼓风机或风扇等吹风装置，进行常温吹风干燥。

三、饲喂方式

鸭的饲料按其形状区分,有粒料、粉料、颗粒饲料、碎粒料、压扁料、膨化饲料六种。

1. 粒料饲喂法

指保持原来形状的谷粒或加工打碎后的谷物饲料。

2. 粉料饲喂法

指谷物磨粉后加上糠麸、鱼粉、矿物质粉末及各种添加剂等混合而成的粉状饲料。粉料的营养完善,鸭不易挑食。但粉料适口性差一些,而且容易飞散,并且鸭有甩食的习惯,易造成浪费,因此鸭适宜拌水而成的湿拌料或潮拌料。

3. 颗粒料饲喂法

颗粒饲料是将已配合好的粉料用颗粒机制成直径为 2.5～5.0 毫米的颗粒。这种颗粒饲料的优点是营养完善,适口性强,鸭无法挑选,避免偏食,防止浪费,便于机械化喂料,节省劳力。种鸭一般不宜喂颗粒饲料,因为容易出现过食过肥而影响产蛋。但在夏季因高温影响,鸭的食欲不振时,可采用颗粒饲料来增加鸭的采食量。颗粒饲料因需加工制造颗粒,成本稍高。此外,如水分含量较高时夏季保存不当容易发霉,需加注意。

4. 碎粒料饲喂法

将制成的颗粒再经加工破碎的饲料,除具有颗粒的优点外,由于采食速度稍慢,不致过食过肥,适于种鸭和各种周龄的雏鸭喂用,只是加工成本较高。

5. 压扁料饲喂法

将谷物饲料压成扁平的形态称压扁料,可提高谷实类饲料的利用率。

四、饲料保存

1. 购买饲料的保存

（1）全价颗粒饲料：全价颗粒饲料经蒸汽或水加压处理，已杀死绝大部分微生物和害虫，而且孔隙度较大，含水较低。因此，其贮藏性能较好，只要防潮贮藏，1个月内不易霉变，也不容易因受光的影响而使维生素受到破坏。

（2）全价粉状饲料：全价粉状饲料大部分以谷物类为原料，表面积大，孔隙度小，导热性差，且容易吸湿发霉。其中的维生素随温度升高而损失加大。另外，光照也能引起维生素损失。因此，这类饲料不宜久放，最好不要超过2周。

（3）浓缩饲料：浓缩饲料导热性差，易吸潮，因而易繁殖微生物和害虫，其中的维生素易受热、氧化而失效。因此，可以在其中加入适量的抗氧化剂，不宜久贮。

（4）添加剂预混料：添加剂预混料主要由维生素和微量矿物质元素组成，有的还添加了一些氨基酸和药品及一些载体。这些成分极易受光、热、水汽影响。存放时要放在低温、遮光、干燥的地方，最好加一些抗氧化剂，不宜久贮。维生素可用小袋遮光密闭包装，使用时再与微量矿物质部分混合。

2. 自配饲料原料的保存

（1）玉米贮藏：玉米主要是散装贮藏，一般立筒仓都是散装。立筒仓虽然贮藏时间不长，但因玉米厚度高达几十米，水分应控制在14％以下，以防发热。不是立即使用的玉米，可以入低温库贮藏或通风贮藏。若是玉米粉，因其空隙小，透气性差，导热性不良，不易贮藏。如水分含量稍高，则易结块、发霉、变苦。因此，刚粉碎的玉米应立即通风降温，装袋码垛不宜过高，最好码成“井”字垛，便于散热，及时检查，及时翻垛，一般应采用玉米籽实贮藏，需配料时再粉碎。

其他籽实类饲料贮藏与玉米相仿。

(2)饼粕贮藏:饼粕类由于本身缺乏细胞膜的保护作用,营养物质外露,很容易感染虫、菌。因此,保管时要特别注意防虫、防潮和防霉。入库前可使用磷化铝熏蒸,用敌百虫、林丹粉灭虫消毒。仓底铺垫也要彻底做好,最好用砻糠作垫底材料。垫糠要干燥压实,厚度不少于 20 厘米,同时要严格控制水分,最好控制在 5%左右。

(3)麦麸贮藏:麦麸破碎疏松,孔隙度较面粉大,吸潮性强,含脂量多(多达 5%),因而很容易酸败、霉变和生虫,特别是夏季高温潮湿季节更易霉变。贮藏麦麸在 4 个月以上,酸败就会加快。新出机的麦麸应把温度降至 10～15℃再入库贮藏,在贮藏期要勤检查,防止结露、吸潮、生霉和生虫。一般贮藏期不宜超过 3 个月。

(4)米糠贮藏:米糠脂肪含量高,导热不良,吸湿性强,极易发热酸败,贮藏时应避免踩压,入库时米糠要勤检查、勤翻、勤倒,注意通风降温。米糠贮藏稳定性比麦麸还差,不宜长期贮藏,要及时推陈贮新,避免损失。

(5)叶粉的贮藏:叶粉要用塑料袋或麻袋包装,防止阳光中紫外线对叶绿素和维生素的破坏。另外,贮存场所应保持清洁、干燥、通风,以防吸湿结块。在良好的贮存条件下,针叶粉可保存 2～6 个月。

(6)青干草贮藏

①露天堆垛:堆垛有长方形、圆形等。堆垛时,应尽量压紧,加大密度,缩小与外界环境的接触面,垛顶用薄膜覆盖。

②草棚堆藏:气候湿润或条件较好的牧场,应建造简易的干草棚贮藏干草。草棚贮藏干草时,应使棚顶与干草保持一定的距离,以便通风散热。

③压捆贮藏:把青干草压缩成长方形或圆形的草捆,然后贮藏。草捆垛长 20 米、宽 5～6 米、高 18～20 层干草捆,每层布设通风道,数目根据青干草含水量与草捆垛的大小而定。

第四章 鸭的繁育技术

"公司＋农户"养殖模式的，公司提供雏鸭，因此，养殖者可不饲养种鸭。专业户饲养模式的则要引种、饲养种鸭，并要重视肉鸭的种质，开展正确的选种、选配工作，采用先进的繁育技术，结合科学的饲养管理措施，以保证肉鸭种群生产性能的不断提高，以提供更多的优质产品。

第一节 引 种

种鸭是养鸭业的基础，对种鸭的引进称为引种。专业户饲养肉鸭，种鸭选择的好坏直接涉及到其后代的生产性能和养殖者的经济利益。因此，网上养鸭除选用适宜网上养殖的鸭品种外，无论是引进种鸭、雏鸭或是种蛋，都要从有《种畜禽生产经营许可证》、《种畜禽合格证》、《动物防疫卫生许可证》和检疫合格证的种鸭场选购，并按生产计划安排好进雏时间与数量，同时签订购雏合同。

1. 成鸭的引进

首先要选择体形、外貌符合其品种特征的成年鸭，之后再考虑公、母鸭个体的不同要求。

(1)成年鸭的选择

①种公鸭：头大、颈粗、胸深而突出，背宽而长，嘴齐平，眼大而明亮，腿粗而有力，体格健壮，精神活泼，生长快，羽毛紧密，有光泽，性欲旺盛。

②种母鸭：应体躯大而丰满，头较小，眼大而亮，颈细而灵活，胸

饱满，腹深而方，臀部下垂但不擦地，臀钝圆而宽，脚稍高，两脚距离宽，蹼大而厚，爪钝，绒毛紧密、细致而柔软，两翼紧贴体躯，行动灵活而敏捷，觅食力强，肥瘦适中。

(2)选择比例

①母鸭群年龄结构：一般鸭群中，1 岁母鸭占 60%～70%，2 岁母鸭占 20%～30%。

②公母比例：公母配比一般为 1∶(7～8)。

(3)种鸭的运输：采用封闭式笼具运输鸭，以防止逃逸。运输前鸭要经兽医人员检疫，并喂镇静药物，以防受惊。夏天每笼装 5～10 只，冬天可多装些。装车时在两层笼间铺一层纸，防止上层粪便落到下层鸭身上，最上层用麻袋罩好，以免光线太强，引起鸭兴奋。

运输途中经常检查温度是否过高或有无贼风，防止风直接吹到笼内鸭身上，同时也注意通风透气。运输时间以不超过 36 小时为度，司机最好在车内带足食品和饮水，以减少停车时间。车辆最好用厢式货车，既防雨又防寒，能通风换气。鸭运达目的地后，立即入笼架内饲喂，如受风寒饮用庆大霉素水，每只用 3000 单位，每天 2 次，连用 3 天。

2. 雏鸭的引进

购买雏鸭作为种鸭的，雏鸭应来源于健康和高产的种鸭所产的后代。若鸭场或鸭场所在地区有雏鸭病毒性肝炎、鸭瘟等发生，那么这个鸭场所孵出的雏鸭往往被感染。引进这种雏鸭，有可能导致发病，造成损失。

(1)育雏季节的选择：采用网上旱养模式，一年四季均可引进。

(2)雏鸭的选择：雏鸭品质的好坏是雏鸭养育成败的先决条件。应选择同一时间出壳、大小均匀，脐部愈合良好，眼大有神，比较活跃，绒毛有光泽，抓在手上挣扎有劲的雏鸭。凡是腹大突脐、行动迟钝、瞎眼、跛脚、畸形、体重过轻的雏鸭，一般成活率较低，长得也不快。在选择雏鸭时，最好能将公母鸭分开，并按 1∶4 的公母比例进鸭苗,以降低饲养成本。

(3)雏鸭的性别鉴定:在各种鉴别方法中,肛门鉴别法最为可靠和准确,在生产中也最为常用。

①翻肛鉴别法:将初生雏鸭握在左手中,用中指和无名指夹住鸭的颈部,头向外,腹朝上,成仰卧势。然后用右手大拇指和食指分开肛门旁边的羽毛挤出胎粪,轻轻地将肛门张开,并使其外翻。公雏鸭可见到长0.2～0.4毫米的突起物(阴茎),如是呈“八”字状的皱襞,则为母雏鸭。

②捏肛鉴别法:操作时,左手抓握雏鸭,左手拇指紧贴雏鸭背部,其余四指拖住腹部,使其背向上腹向下,肛门朝向鉴别者,然后右手的拇指和食指在泄殖腔外部的两侧轻捏,如手指感觉有一细小突起,即为公雏鸭;若没有,则为母雏。捏肛法熟练后比翻肛法速度快,要求操作者手指有较高的敏感性。

③鸣管鉴别法:鸣管又称下喉,位于气管分叉的顶部。公鸭在此处有一个膨大的球状鼓室,直径为3～4毫米,从体外胸前可以摸出,母鸭无此鸣管。

(4)了解免疫情况:了解雏鸭是否已经免疫,或进行了何种免疫,以便引入后进行补免。

(5)初生雏的接运:雏鸭生命力柔弱,经不起外界的剧烈震动和多变的气温。因此,孵化出壳的雏鸭不宜长途运输,否则死亡率极高。

“公司+农户”模式养鸭都有专门的设施,先进的运雏车,公司负责运送雏鸭,也就不用选雏和查数,只确认到雏时间即可。

对于专业户饲养模式,无论是购买鸭苗还是自育鸭苗,在保证雏鸭的数量和质量的前提下,在雏接前1周内要确定具体的接雏日期,以便育雏舍提前预热和其他准备工作的进行。雏鸭出雏经过免疫接种以后,一般需要在孵化室恢复3～5个小时,然后再进行运输,并尽快送至育雏舍。最早出壳的雏鸭从出壳到雏鸭全部出齐已经经过了较长时间，加上雏鸭处理和雏鸭恢复时间，到开始装车运输时距出壳大约经过了 30 多个小时，因此雏鸭要尽快运到目的地，以防止雏鸭脱水。雏鸭开始装车运输后要马上电话通知饲养场大约雏鸭到达时间，以便做好接雏工作。

运输车辆要彻底消毒，要有车篷，不能让风直接吹到或阳光直晒到雏鸭。接雏时一定要提前办理好车辆通行证、雏鸭检疫证等手续。运输雏鸭要有专用运雏箱，一般的运雏箱规格为 60 厘米×45 厘米×18 厘米（长、宽、高）的纸箱、木箱或塑料箱。箱的上下左右均有 1 厘米洞孔若干，箱内分成 4 个格，每格装 25 只雏鸭，每箱可装 100 只雏鸭，如用其他纸箱应注意留通风孔，并注意分隔。车厢、运雏箱使用前要消毒，为防疫起见，运雏箱不能互相借用。

汽车运输时，车厢底板上面铺上消毒过的柔软垫草，每行运雏箱之间，运雏箱与车厢之间要留有空隙，最好用木条隔开，运雏箱两层之间也要用木条（玉米秸、高粱秸均可）隔开，以便通气。冬季、早春运输雏鸭要用棉被，棉毯遮住运雏箱，千万不能用塑料包盖，否则将雏鸭闷死、热死。车内有足够的空间，保证运输箱周围空气流通良好。

运输途中，要注意观察雏鸭动态，防止意外事故发生。夏季运输雏鸭要携带雨布，千万不能让雏鸭着雨，着雨后雏鸭感冒，会大量死亡，影响成活率。阴雨天运输雏鸭，除带防雨设备外，还要准备棉被、棉毯，防止雏鸭着凉。夏季运输雏鸭最好在早晚凉爽时进行，以防雏鸭中暑。运输初生雏鸭时，行车要平稳，转弯、刹车时都不要过急，下坡时要减速，以免雏鸭堆压死亡。

3. 种蛋的引进

（1）种蛋的选择：种蛋品质的好坏，不仅影响孵化成绩，而且还关系到雏鸭生长发育健壮与否，以及其生产性能。

在购买种蛋的时候，需要重点强调几点注意事项。首先要了解清楚种蛋的生产日期，最好购买一个星期内的蛋。购买时应选择蛋形标准、大小适中、无裂痕、新鲜无变质、外表有光泽而且相对洁净的蛋。同时应充分考查卖方的信誉，签订购买协议，防止买到掺有从孵化过程中剔出的未受精卵。

入选种蛋要求保持鸭蛋的正常颜色，蛋重符合品种特征，蛋壳要求致密均匀。表面正常，厚薄适度，灯光照蛋时如发现散黄、蛋黄表面有血丝、蛋内容物变黑、气室歪斜等都不能做种蛋。蛋壳上不能有粪便泥土、破蛋液或血迹等污物。蛋壳表面稍有点脏的蛋可用很细的砂纸擦除即可。

(2)种蛋的运输：种蛋运输指种蛋由种鸭场运到孵化场，有些可能要运到几千里以外的地方。本场内运送种蛋由于距离较近，对运输条件的要求较低，只要夏天不淋雨，冬天不受冻，不剧烈颠簸，一般问题不大。

对于长途运输的种蛋，要求运输的条件较严格，夏季运送种蛋一定要有防雨措施，而且种蛋应当根据其大小而专门设计的塑料压型蛋托包装，然后装箱，捆扎牢固后装车运输。如无专用的压型蛋托，也可用小纸箱。但箱中应有固定数量的厚隔，将每个蛋、每层蛋分隔开来。蛋在分隔内不能有移动空间，否则要用草屑、碎纸屑等填充。箱中无分隔也可用草屑、碎纸屑等填充物将蛋与蛋之间隔开，并填实箱内空间，使箱内蛋不互相碰撞或松动。装蛋时应大头向上竖放，因蛋的纵轴耐压力大，不易破碎。蛋托或小纸箱内装好蛋后，应装入大纸箱中，每个大纸箱要装满、装实，使装入的蛋托或小纸箱没有移动的空间，如装不满则用填充物充实，然后用打包带捆扎好。种蛋装卸要注意轻取轻放，种蛋运输途中切忌碰撞和剧烈震动。

第二节 鸭的生殖生理

一、适配月龄

1. 鸭的适配月龄

鸭的适配月龄鉴于品种不同有所差异，一般为6～8月龄。这期间公鸭精力旺盛，母鸭繁殖力也强。鸭配种月龄过早，不仅对其本身的生长发育有不良影响，而且受精率也低。

2. 公、母鸭配比

自然交配公母比例为1∶(5～8)，人工授精公母比例为1∶(20～40)。

二、配种方法

鸭的配种方法可分为自然交配和人工授精两种方法。

(一)自然交配

自然交配是让公母鸭进行自行交配的配种方法。网上旱养可采用大群配种、小群配种两种方式。

1. 大群配种

将公母鸭按比例合栏饲养，群的大小视种鸭饲养栏的面积按公母1∶(5～8)确定。这种方法能使每只公鸭都有机会与母鸭自由组合交配，受精率较高。

2. 小群配种

将每只公鸭及其所负责配种的母鸭单栏饲养，使每只公鸭与规定的母鸭配种。

(二)人工授精

鸭人工授精技术的成败，很大程度上取决于种公鸭的精液质量，要获得高质量的精液，就必须选择年轻、性活动旺盛的种公鸭。为了保持种公鸭的旺盛性欲和较长的利用时间，就必须加强种公鸭的饲养管理和保证每周至少有1～2天不采精时间。

1. 采精前的准备工作

采精前先准备数支1毫升注射器，若干套集精器和集精瓶，洗干净、消好毒，晾干备用。准备75％酒精，75％酒精棉花球及消毒好的镊子、剪子，放于消毒好的瓷盘内，并用消毒纱布盖上备用。

2. 公鸭采精

种公鸭一般在200日龄开始采精，一般一个星期采精5天，一天1次。

(1)采精方法：精液的采集，目前主要采用3种方法。

①鸭按摩采精法：即将种公鸭摁在高度约70厘米的平台上进行保定，先按摩种公鸭的腰部，后压迫下腹部促使射精。

②台鸭诱情采精法：即取一产蛋鸭让种公鸭爬跨来诱引种公鸭射精。

③按摩和台鸭诱情结合法：单人操作，即取一产蛋母鸭置于特制的采精台(长×宽×高＝50厘米×40厘米×30厘米)上，采精者用右手摁压住，左手取一种公鸭，当种公鸭在母鸭背部站稳后，尾部频频摆动，并向母鸭泄殖腔口靠近时，采精者的左手按摩种公鸭腰部，右手握住采精杯，并用右手的掌侧按摩种公鸭泄殖腔的左侧，当种公鸭性冲动接近高峰时，右手的采精杯伸到种公鸭的泄殖腔翻出即射精。按摩和台鸭诱情相结合在生产中常被采用。

(2)采精时的注意事项

①采精最好在室内进行，场地在采精前应打扫干净。

②捕捉公鸭不可让公鸭受到过分刺激，造成采精时体力消耗过大，而射精不充分或采不出精来。

③采完精时，不可使精液受到阳光照射或造成精液污染，以免影响人工授精效果。

④采精后应把精液保持在38～39℃的环境中，以保证精液

品质。

⑤采精场地应安静，以建立和维持公鸭的条件反射。

⑥采精手法要轻，不可过于粗暴，否则会造成公鸭生殖器官的损伤，影响今后采精操作，使血液进入精液而影响精液的品质。

⑦采精应尽量做到固定术者和服装(白大衣)，不宜变动太勤，以促使公鸭容易建立按摩排精的条件反射。

3. 精液性状检查

鸭精液为乳白色，略带腥味，精液量较多，约0.4～2.6毫升，平均1.1毫升，密度达16亿～25亿/毫升，平均18.5亿/毫升，精子活力7～9.8级，pH值6.9～7.4，输精前检查精子活力，250～500倍显微镜下80%以上精子作直线前进运动的才作输精用。北京鸭精液量0.38毫升，密度34.9亿/毫升，樱桃谷鸭精液量0.29毫升，密度27.23亿/毫升。

进行精液质量的检查，可从根本上确保每次输入的有效精子数和保证参与配种的种公鸭都具有优良的精液品质，并对种公鸭的正确饲养管理提供科学依据。

4. 精液稀释

精液稀释液的作用主要是扩大精液量，增加受精的只数；更重要的是供给精子养分及中和精子产生的乳酸等物质，给体外的精子创造适宜的环境，从而增强其生命力和延长其存活时间，以最大限度地提高优良种公鸭的利用率。鸭精液稀释液的研究，至今尚未有一个较为理想的配方，由于目前生产中输精是现采现输，不是长时间保存，所以实际的生产应用中多采用生理盐水(或用时再加些抗生素如青霉素或链霉素300～500单位/毫升)稀释。混合精液与稀释液之间的比例可按1∶(1～2)稀释，稀释时，稀释液应沿装有精液的集精杯壁缓慢加入，转动时要缓慢使其均匀混合，若气温较低季节，避免精液与稀释液的温差过大造成突然降温而影响精子的活力。

5. 母鸭的输精技术

(1)输精时间:许多试验证实,以同一剂量的精液在一天内不同时间给母鸭授精,蛋的受精率存在差异,但差异的程度,不同研究者的结果不相一致。但有一点是肯定的,输精时子宫中有硬壳蛋越接近临产越影响受精率,这可能是快产蛋时输精,一些精子还未进入贮精腺,而被蛋带出,或由于产蛋输卵管内环境暂时出现变化。若鸭产蛋是在夜里,一般输精时间在上午,便于输精操作和精子在输卵管的上行运动;鸭产蛋是在凌晨 4:00～10:00,以下午输精为好。

(2)输精间隔时间:输精间隔时间取决于精子在输卵管内的存活时间,以及母鸭的持续受精率天数,母鸭一次授精后大约在 40 小时出现第一枚受精蛋,最长受精率持续时间可达 11～15 天,但高受精率的持续时间,北京鸭与麻鸭人工授精为 4～5 天,以后受精率显著下降,故间隔 3～4 天输精一次,就可以维持良好受精率,如果是番鸭与北京鸭间人工授精,由于不同属,番鸭精子在母鸭输卵管内受精能力的维持时间较短,在 3～4 天内维持高受精率,因此间隔 2～3 天输一次精液才能保持良好受精率,而番鸭本品种人工授精受精率高,持续时间可达 7 天之久,输精间隔以 6 天为佳。

(3)输精量:采用原精液授精时,一般用 0.05 毫升,用稀释的新鲜精液授精一般为 0.1 毫升,不管是原精液授精还是稀释精液授精,应授入有效精子数 5000 万～9000 万(有效精子数是指能直线前进运动的精子)。公番鸭与母麻鸭杂交有效精子数在 7000 万～9000 万时受精率最佳,超过 9000 万时亦不能提高其受精率,造成精液浪费,北京鸭与麻鸭人工授精,有效精子数 5000 万就能得到较高受精率。另外最好使用 2～3 只公鸭的混合精液输精,比单只公鸭精液输精受精率高。第一次输精时,输精量可加大 1 倍或第二天重复输精 1 次。

(4)输精方法:用 1 毫升的注射器作为授精器,在生产实践中常使用以下两种授精方法。

①输卵管口外翻输精法:这种方法较适用于麻鸭和北京鸭等,生产中常用。将母鸭按在地上,输精者把母鸭夹在两腿之间,母鸭的尾部对着输精者,用左、右手的三指(除拇指、食指)轻轻挤压泄殖腔的下缘,用食指轻轻拨开泄殖腔口,使泄殖腔张开,这时,能见到 2 个小孔,右边 1 个小孔为排粪尿的直肠口,左边 1 个小孔就是阴道口,腾出右手将输精器导管末端对准阴道插入输精。

②直接插入阴道输精法:即在授精时把产蛋母鸭轻按压于地面或约 70 厘米的平台上,左手的大拇指紧靠着泄殖腔下缘,轻轻的向下方压迫,使泄殖腔口张开,右手将授精器轻轻的插入泄殖腔,向左下方插进 3～5 厘米深,稳住授精器,将精液缓慢注入。

6. 授精过程中的注意事项

(1)要对种鸭进行精心选择,选择优良、健壮的后备种公鸭,及时淘汰老年的、不良的或阴茎有疾病的种鸭。并注意种公鸭的合理利用,不能没有休息连续采精,否则会造成种鸭寿命缩短或精液品质下降,影响受精率。

(2)采精与授精时所用的一切器械需进行高温、高压、灭菌、消毒、烘干备用。

(3)从采精开始到授精结束所用的时间最长控制在 90 分钟内完成,精液的采集过程中要求精液无污染。为避免粪便、脏物等污染,公鸭在采精训练时应把泄殖腔周围的羽毛减去,在采精前 3～6 小时应对种公鸭进行禁饲、停水。在采精、稀释、授精的过程中要严禁吸烟,避免强烈光照和较大温差影响。

(4)人工授精人员必须固定,因为每个人的力度不同,鸭体对人产生一种适应后,更换授精人员会引起鸭应激,导致受精率下降。

(5)授精部位要求适中,不能过浅,防止精液外溢;但也不能太深,避免孵化效果受影响,死胚率增多,同时也应注意不要将空气或气泡收入输卵管内,否则会使精液外溢,影响受精率。授精后,当拔出授精器时,应同时松手减轻压迫,阴道口即可慢慢地收缩回泄殖腔，然后将母鸭轻轻放在网床上。

(6)在授精时，应用蘸有生理盐水的棉球擦洗肛门周围，每授完一只母鸭后应用棉球将授精器擦净，防止交叉感染，对部分患有生殖道发炎等疾病的母鸭，必须及时隔离或治疗，以免传染，造成受精率下降，死亡率、淘汰率增高。

7. 影响人工授精的因素

蛋的繁殖价值最重要的标志是受精率。受精率的高低反映了种鸭场的饲养管理水平，也对种鸭场的经济效益有重大影响。影响种蛋受精率的因素很多，这些因素都通过不同途径直接或间接地影响种蛋受精率。

(1)精液质量的影响：其主要原因是在选留公鸭时未经严格挑选，结果使一些由于遗传因素造成的生殖器发育不良、性欲较低的公鸭被选留在种群中。还有个别种鸭场因公鸭日龄偏大，或因日粮配比不科学致使公鸭太肥，或因场地卫生条件差而使公鸭的健康状况欠佳，频繁用药，如环丙沙星等损害鸭生殖系统功能的药物会造成精子活力下降，影响受精率。

(2)人工授精操作的影响：可能是由于用具清洁消毒不合格所致，一些种鸭场用于配种的器具不严格消毒，有个别场甚至在清洗过后就直接用于采精和输配。也可能是在采精过程中操作不小心，使附在公鸭身上的粪便及其他污物掉到集精杯里，而受污染的精液继续用于配种。输精部位不准确也是存在的问题，应用输卵管外翻输精法配种，在迫使母鸭泄殖腔张开，暴露出阴道口后，多数输精员把精液滴在母鸭阴道口就松手放开了母鸭。这个部位太浅，还没达到要求。

(3)管理因素的影响：饲养方式不同，受精率的高低也有差别。饲养密度过大，光照管理混乱，可造成母鸭健康状况不佳，直接影响种鸭的受精率。有时配种过程中的用具消毒不彻底，引起母鸭生殖道发炎，这种母鸭即使每天连续配种也很难受精。由于培育母鸭成本较高,有的种鸭场的母鸭超过 2 年还留作种用。试验证明,超过 2 年的母鸭利用人工授精配种,配种间隔要合理,一般隔 2 天配 1 次。

(4)季节、环境因素的影响:夏季鸭人工授精的效果较其他季节要差,因为高温可以抑制精子的活力。在夏季,相当一部分种鸭场都在早上 9 点钟前或下午 5 点钟后配种。实践证明,下午配种比早上配种的效果好,因为下午母鸭相对较安静,对产蛋的影响较小。

8. 提高种鸭受精率的措施

(1)种鸭的配种年龄、种用年限、配种比例和方法要适宜。

(2)对留种公鸭进行严格的选择,选择体质健壮、体型符合品种特征的公鸭留种,在产蛋前应对公鸭的性反射强弱进行选择。

(3)通过人工采取公鸭精液,进行品质鉴定,把精液品质不好的公鸭淘汰,将精液品质优良、性欲旺盛的公鸭留作种用。甚至还可以扩大公母的配种比例,提高优良公鸭的利用率。

(4)种母鸭一般是每 2～3 年更换一次,因为第 1 年产蛋量最高,次年下降 10%～15%,第 3 年再下降 15%～25%,3 年以上鸭所产的蛋,受精率和孵化率显著降低,雏鸭发育不好,死亡率也高,所以,到第 4 年母鸭应予淘汰。肉用种公鸭一般为 1～2 年。

第三节 种蛋的孵化

种鸭产的蛋并不是全部都能作为种蛋进行孵化,即使是优良种鸭群的蛋也是如此。种蛋质量好,胚胎发育良好,生存力强,孵化率高,雏鸭质量好;反之,种蛋品质低劣,孵化率低,雏鸭生长发育不良,难以饲养。如果种鸭场规模较小,种蛋需要存放一些时间才能进行孵化。因此种蛋质量的管理包括种蛋产出、挑选、消毒、保存、运输等一系列工作。

一、种蛋的管理

1. 蛋产出前后的工作

(1)检查种鸭的体重是否合适。如果种鸭体重太小,就不要增加光照刺激,避免种鸭开产早、产小蛋。如果体重达标,则给予光照刺激,使种鸭及时产蛋。蛋重和种鸭的体重成正比,体重越大,蛋重越大。

种鸭的管理要良好,营养全面,尽量减少应激,应激容易使种鸭产软皮蛋。开产前为种鸭准备好产蛋箱,产蛋箱一般每4～5只母鸭一个,训练母鸭在产蛋箱中产蛋,避免或减少网上蛋。产蛋箱应干净,铺设柔软的垫草,不要有坚硬的伤及蛋壳的物体。

(2)当种鸭开产以后,每天在同一时间饲喂和定期更换窝内垫草。定期监测体重和监测蛋重大小,以确定饲喂量。体重太大,蛋重就大,蛋重太大,孵化效果不良。

(3)产蛋箱中的蛋和网上蛋要分别拾拣,对于被粪污轻微污染的网上蛋要用干净的布擦干净,窝内蛋一般比较干净,不用擦拭。污染严重的网上蛋,只能作为食用蛋,否则在孵化过程中容易爆炸,污染整个孵化器。种鸭产蛋一般集中在凌晨,蛋产出后要尽快拣蛋,收集起了的鸭蛋经过大致挑选,去掉破损蛋和严重污染蛋,将种蛋运到蛋库保存或运到孵化厂。尤其是夏季,气温较高,细菌繁殖很快,应将种蛋尽快从鸭舍中运到蛋库。冬季鸭舍内的气温较低,种蛋在鸭舍内放的时间太长会冻坏。

2. 种蛋选择

(1)根据来源与受精率选择:种蛋应来自饲养管理正常、健康而高产的鸭群,否则将导致生产性能不高,或者带来疾病。受精率是影响孵化率的主要因素。在正常饲养管理条件下,若鸭群的公母比例适宜,则鸭种蛋的受精率较高,一般在90%以上。

(2)新鲜度选择:种蛋保存时间越短,蛋越新鲜,胚胎生活力越强，孵化率越高。种蛋一般在产出 7 日后入孵孵化率逐渐下降，故孵化以产后 1 周内的蛋为佳。否则，孵化率降低，雏鸭体质衰弱。新鲜蛋蛋壳干净，附有石灰质的微粒，好似覆有一薄层霜状粉末，没有光泽。陈蛋则蛋壳发亮，壳上有斑点，气室大。

(3)清洁度选择：种蛋蛋壳要保持清洁，如有粪便或脏物污染，容易被细菌入侵，引起腐败，同时堵塞气孔，影响气体交换，使胚胎得不到应有的氧气和排出二氧化碳，造成死胎，降低孵化率。防止种蛋污染，在种蛋收集时应注意两个问题：一是在产蛋箱内铺足干净的垫料（如稻壳、稻草等）；二是种蛋的收集时间应放在凌晨 4 时和上午 6～7 时再次进行。

(4)蛋重与蛋形选择：按照品种、品系的特点，选择大小适中的种蛋入孵。一般蛋形指数要求 1.28 左右（蛋形指数指蛋长轴和短轴的比值）。对于留种用的种蛋，蛋重大小要控制严一些，一般上下相差 5 克左右。

(5)蛋壳厚度与颜色选择：种蛋应选择蛋壳结构致密均匀、厚薄适度的鸭蛋。蛋壳颜色要选本品种的标准颜色，如北京鸭蛋为白色，番鸭蛋为玉白色。

(6)照蛋剔除选择：肉眼选蛋只观察到蛋的形状大小、蛋壳颜色。通过照蛋可以看见蛋壳结构、蛋的内容物和气室大小等情况，沙壳蛋、钢壳蛋、气室大的陈蛋、气室不正常蛋（腰室的尖室蛋）、血块异物蛋、双黄蛋、散黄蛋等都要剔除。

3. 种蛋的保存

即使来源于优秀的种鸭群，又经过严格挑选的品质优良的种蛋，如果保存条件较差，保存方法不当，对孵化效果亦有不良影响。尤其在冬、夏两季尤为突出，因此应给种蛋创造一个适宜的保存条件，并采用正确的保存方法。

(1)种蛋库：种蛋保存需要有专门的种蛋库，种蛋库可以设置在种鸭场，也可以设置在孵化厅。种蛋库必须具有良好的隔热性能，夏季高温季节有空调，保持适当的温度和适度的通风。种蛋库内的卫生条件要保持良好，防止老鼠和蚊蝇等动物进入，以免消毒过的种蛋被二次污染。

(2)适宜的温度：种蛋保存的理想温度为13～16℃。保存时间不同，温度有差异，2～4天保存温度一般要求18.3～20℃，保存7天以内，温度控制在13～15℃较适宜；7天以上，11℃为宜。当保存温度高于23℃时，胚胎开始缓慢发育，尽管发育程度有限，但细胞的代谢会逐渐导致胚胎的衰老和死亡；相反温度过低，也会造成胚胎的死亡，影响孵化率，低于0℃时，种蛋因受冻而失去孵化能力。在贮存前，如果种蛋的温度低于保存温度，应逐步降温，使蛋温接近贮存室温度，然后放入贮存室。

(3)适宜的湿度：湿度过高，蛋表面回潮，种蛋容易发霉变质。湿度过低，蛋内水分大量蒸发，影响孵化效果。为了减少蛋内水分的蒸发，种蛋保存的相对湿度要求为75%～80%。

(4)适宜的蛋位：保存7天内的种蛋，存放时的蛋位对孵化率只有较小的影响。为了使气室保持适当位置，种蛋应当大头向上。如果种蛋保存超过7天，有必要每天翻动种蛋，防止粘连。翻蛋角度一般为90°，每天3次，如果种蛋保存时放在入孵器的蛋架车上，翻蛋将更容易些。

(5)保存时间：种蛋保存的时间与孵化率成反比，即保存时间越长，孵化率越低。种蛋保存的时间可根据气候和保管条件而定，春季最好不超过7天，夏季不超过5天，冬季不超过10天。种鸭蛋保存如超过以上时间就会使孵化率下降。若实践中必须长时间保存种蛋，则可以采用聚乙烯薄膜袋作包装材料，将种蛋横放在袋内，薄膜厚度为(5±1.5)微米，透气性强，袋内的气体环境由二氧化碳自然聚集和氧气的消耗组成。

4. 种蛋的消毒

蛋产出母体时会被泄殖腔排泄物污染，接触到产蛋箱垫料和粪便时,蛋进一步被污染,过脏的蛋很容易被淘汰出去,而轻度污染的就容易被忽视。蛋壳上附着很多细菌,随着时间的推移,细菌数量迅速增加。种蛋的污染不仅影响孵化率,更为严重的是污染孵化机和用具,传播各种疾病。病菌繁殖速度随蛋的清洁程度、气温高低和湿度大小而异,虽然种蛋有胶质层、蛋壳和内外壳膜等几道自然屏障,但它们都不具备抗菌功能,所以细菌仍可进入蛋内,这对孵化率与雏鸭质量都构成严重威胁。因此,必须对种蛋进行认真消毒。

(1)种蛋消毒时间:从理论上讲,最好在蛋产出后立刻消毒。这样可以消灭附在蛋壳上的绝大部分细菌,防止其侵入蛋内,但在生产实践中无法做到。比较切实可行的办法是每次拣蛋完毕,立刻在鸭舍里的消毒室或送到孵化场消毒。种蛋入孵后,应在入孵器里进行第2次消毒。

(2)常用的消毒方法:种蛋的消毒方法很多,但迄今为止,仍以福尔马林熏蒸法和过氧乙酸熏蒸法较为普遍。其他消毒方法,如新洁尔灭浸泡消毒法、碘液浸泡消毒法、高锰酸钾消毒法、百毒杀喷雾消毒法,在实践中可参考使用。传统孵化法采用热水浸泡种蛋法,如果水中不放消毒液,则其作用仅仅是入孵前“预热”作用,不能以此代替种蛋消毒。

①福尔马林熏蒸法:40%的福尔马林熏蒸消毒法消毒效果好,操作简便。对清洁度较差或外购的种蛋,按每立方米40毫升的福尔马林加20克高锰酸钾计算用量。先把种蛋放在孵化器内,关闭进、出气孔,把高锰酸钾称好,放入搪瓷或陶瓷容器内,再放需要量的福尔马林,关闭机门熏蒸20～30分钟。这种方法简便,同时连孵化器也进行了消毒。消毒时须注意种蛋在孵化器里消毒时,应避开24～96小时胚龄的胚蛋。

②过氧乙酸熏蒸消毒法:过氧乙酸是一种高效、快速、广谱消毒剂。消毒种蛋时,每立方米用含16%的过氧乙酸溶液40～60毫升,加高锰酸钾4～6克,熏蒸15分钟。

③新洁尔灭浸泡消毒法：新洁尔灭原液为5%的溶液，使用时加50倍水配成质量分数0.1%的溶液，对种蛋进行喷雾消毒。

④碘液浸泡消毒法：取碘片10克和碘化钾15克，溶于1000毫升水中，再加入9000毫升水，配成0.1%的碘溶液。将种蛋浸入1分钟，取出沥干。消毒液浸泡种蛋10次后，碘浓度减少，可延长浸泡时间到1.5分钟，或添加部分碘溶液。

⑤高锰酸钾消毒法：配制0.2%高锰酸钾溶液，将种蛋浸泡1分钟捞出沥干即可。

⑥百毒杀喷雾消毒法：每10升水中加入50%的百毒杀3毫升，喷雾或浸渍种蛋进行消毒。

二、鸭蛋孵化技术

鸭为卵生动物，繁育后代包括两个阶段，即体内的成蛋阶段和体外的成雏阶段。所谓孵化就是指体外的成雏阶段，因此人工孵化方式有两种，即自然孵化和人工孵化。自然孵化是指受精蛋在亲鸭抱孵或其他禽类代孵下，使胚胎得到正常发育的方法。小规模饲养或产蛋初期蛋量较少，不适合采用人工孵化时可采用此方法。一般可采用抱性强的家鸡做代理母亲。人工孵化是人为地控制合适的温度、湿度、通气、翻晾蛋等孵化条件，为鸭胚胎发育创造良好环境。

(一)传统孵化法

在我国，传统的孵化方法有鸡代孵法、炕孵、平箱孵化、缸孵、桶孵、摊床孵化等。传统孵化方法具有设备简单，就地取材，所用能源广泛、成本低廉等优点。但花费劳力多，种蛋破损率高，消毒困难，孵化条件不易控制，且劳动强度大，工作时间长，孵化率与健雏率不稳定。在种蛋较少的情况下，可根据各自条件进行选择。

(二)机器孵化法

机器孵化又称电气孵化，具有适应集约化，工厂化生产的特点，孵化量大，质量好，可以满足市场各方面需要。

1.孵化前准备

(1)制定孵化计划:根据设备条件、种蛋来源等具体情况进行制定。在安排孵化计划时,尽量把费力费时的工作错开,如入孵、照蛋、落盘、出雏等,不能集中在一天进行。

(2)孵化室的准备:室内温度宜在22℃左右(20~24℃),相对湿度在55%~60%,二氧化碳含量不大于0.1%,每立方米含尘量在10毫克以下。检查孵化室通气孔和风机,并在使用前要先清扫、消毒(通常与孵化机的消毒同时进行)。

(3)检修孵化机:为避免在孵化中发生机械、电气、仪表等故障,使用前要全面检查,包括电热丝、风扇、电动机、密闭性能、控制调节系统和温度计等。无论是新孵化机还是用过的孵化机,都应检查。

①校正门表温度:可将各式温度计放在温水中,用标准温度计与之校正。

②易损件及其他用品的准备:主要有门表温度计、水银导电表、照蛋器灯泡、指示灯泡、行程开关、微动开关、可控硅、浮球阀、减速箱、同步电机等。必须备好一套控制系统的线路板,以便及时更换。每台机器要配备一台自动稳压器。塑料孵化盘与出雏盘应多备一些。

③试机

Ⅰ.检查温度、湿度系统:检查水银导电表的水银柱有无断裂,磁钢调节后铂金丝与水银柱应随磁钢的顺反旋转而分离或接触,一旦到达预定温度应扭紧磁钢固定螺丝。另开启加热装置,根据电流表所示电流大小则知是否处于加热状态,或观察指示灯或数据显示装置。加水盘装置应检查浮球阀是否灵敏,能否控制一定水位高度,开启加湿装置,指示灯明亮,数显明显。开机入孵一段时间后,应检查温、湿度能否稳定在设定值附近。有两套控温、控湿装置时,应予统一调整。

Ⅱ.检查风扇、风门系统:应检查风扇转向,有些孵化机的风扇是按特定方向(单向或能定时正反转)旋转时,应予测定转向。定期检查(据风速指示灯)风扇皮带的松紧度,以防影响风量。还应注意扇叶的变形度,扇叶与轴间的紧固螺丝是否松动,风扇电机运转声音如何,机壳有无过热现象。另将风门旋钮按从小到大的顺序逐一扭动,然后上机顶检查风门大小是否与旋钮所处的位置相符。

Ⅲ.检查翻蛋系统:摆动梁(动杆)销轴上的开口有无脱落;具有翻蛋减速箱的孵化机要检查箱内油面高低,并检查减速蜗杆轴与蜗轮之间以及蜗杆轴与月牙盘之间的咬合度;蜗轮各齿面要保持良好的润滑状态,应定期用油清洗并涂加黄油。手按翻蛋正常后,将选择钮转到自动翻蛋,查看翻蛋间隔时间及角度是否正常。

Ⅳ.检查冷却报警系统:人为调低温度定值,使孵化温度超出定值一定范围,或人为短接超温报警用导电表,检查能否自动报警并启动冷却系统(如风冷电机、电磁阀等)。

Ⅴ.检查蛋车:检查蛋车上每一销轴,丢失一个销轴会造成孵化盘压蛋,销轴及蛋车轮轴要定期加注机油。还要检查车轮、翻蛋角度。

检查完毕后,即可接通电源,进行试运转。首次使用前的试运转时间不少于1小时,以后每次使用前的试运转时间不少于半小时。

(4)种蛋的预热:冬季或早春时节,入孵前应将种蛋在孵化室停放数小时进行种蛋预温,使蛋逐渐达到室温后再入孵,这样可防止因种蛋从贮蛋室(15℃左右)直接进入孵化机中(37.8℃左右)而造成结露现象,影响孵化效果。夏季一般预热6~8小时,冬季可预热24小时。预热种蛋,能使胚胎从静止状态中逐渐“苏醒”过来,有利于胚胎发育,并可减少孵化器里温度下降的幅度,不至于影响其他批次胚蛋的发育。

(5)码盘入孵:将消毒后的种蛋装入蛋盘内,按顺序放进蛋车,蛋盘一定要装到位置。全车装好后,将蛋车缓缓推入孵化器内,注意让蛋架车的转轴销和摆杆销与翻蛋机构连接好,并防止蛋车自动退出。

如果采用分批孵化时，各批次的蛋盘应交错放置；并在孵化盘上标明种蛋的批次、入孵时间，以防混淆。将种蛋平放或大头向上放置。

2. 上机

将装满种蛋的蛋车缓缓（或沿轨道）推入孵化机，应将蛋车长轴（销轴）完全插入动杆圆孔；再将机底锁销卡在蛋车导向轮下的轮槽内，以防翻蛋时蛋车自行退出；无自锁销的蛋车，要拔出蛋车上锁定销轴，以免酿成重大事故；再用手按翻蛋钮，检查有无卡壳现象，如发现异常立即关机检查。

对八角式翻蛋装置的孵化机，其孵化盘规格不一，上蛋架要对号入架，保持前后平衡，并检查孵化盘卡牙是否卡住蛋架的卡缝内。

鸭蛋有分批入孵和整批入孵两种方式。小型养殖厂多采用分批入孵，即每隔 3 天、5 天、7 天入孵一批种蛋，出一批雏鸭；大型孵化厂多采用整批入孵，即一次把孵化机装满。机器孵化机内温度应保持恒温 37.8℃，排气孔和进气孔全部打开。每 3 小时翻蛋 1 次，根据胚胎发育不同，分 3 期进行晾蛋喷水。另外，分批入孵时，各批次的蛋盘应交错放置，这样有利于各批蛋受热均匀。入孵的时间以下午 4 时以后为好，可使大批出雏的时间集中在白天，有利于工作的进行。

3. 孵化期管理

(1)温度的检查与控制：温度是孵化条件中最重要的条件，只有在适宜的温度条件下（孵化器内温度为 37.5～38.2℃），才能保证鸭胚胎正常的物质代谢和生长发育。温度过高或过低都会影响胚胎的发育，严重时可造成胚胎死亡，如果孵化温度超过 42℃，2～3 小时后胚胎就会死亡；反之，孵化温度低，胚胎发育迟缓，孵化期延长，死亡率增加，如果温度低至 24℃时，经 30 小时胚胎便全部死亡。具体温度应视品种、蛋重、胚龄、生长情况、气温以及实践经验而定。

依照各孵化机最高孵化成绩的用温方案，不断进行细致调整，即可筛选出一定条件下的最佳施温方案。初学者根据他人的施温方案，结合本场孵化条件与看胎施温实践，经数批孵化后，再制订出合理施温方案。成熟的基本施温方案最好张贴在各台孵化机门上。凡发现数显测量温度超出规定范围±0.3℃，要立即寻找原因，及时调整。

遇到停电时，须立即启动后备发电机组。此外，应根据室温、胚龄、孵化设备功能不同而采取相应措施。

(2)湿度的检查与控制：湿度对胚胎的发育也有很大的影响，它与蛋内水分蒸发和胚胎物质代谢有密切的关系。在孵化过程中若湿度不足，蛋内水分会加速向外蒸发；若湿度过高又会阻碍蛋内水分蒸发，湿度过高过低都会破坏胚胎正常的物质代谢。在整个孵化过程中，胚胎对湿度的要求是前后期高、中期低。一般在孵化1～8天相对湿度以70%为宜，9～16天降低为60%～65%，17～24天为50%～55%，25～28天又提高到70%。如长期分批入孵，则相对湿度宜控制在60%～65%。出雏时，足够的湿度能促进空气中二氧化碳和碳酸钙作用，使蛋壳变为碳酸氢钙，蛋壳变脆，有利于雏鸭啄孔破壳，还能防止雏鸭绒毛与蛋壳粘连。相对湿度通常用干湿表测定。干湿表有两根温度表，一根为干表，一根为湿表，湿表的水银球(或酒精球)上包裹纱布，纱布的下端浸入清水中，使水银球经常保持湿润状态。查表时，先查出相对湿表的读数，再查出干湿差度(干表温度－湿表温度＝干湿差度)，行列相交处之数字，即为相对湿度的百分数。

自动孵化器可以按照设定的湿度进行自动调整，老式孵化器靠向水盘中加水调节孵化器湿度。孵化厅内的湿度也应保持在一个合适的水平，否则也影响孵化效果和孵化期的运转，一般保持在55%左右。

(3)通风的检查与控制：胚胎在发育的过程中，不断地吸入氧气、排出二氧化碳，进行气体交换，为了保持胚胎正常的气体代谢，孵化时必须通风以保证新鲜空气的供给。种蛋周围空气中的二氧化碳含量一般不得超过 0.5%，若二氧化碳含量达到 1%，则胚胎发育迟缓，死亡率增高，出现胎位不正和畸形等现象。

胚胎发育的各个时期对通风量的要求有所不同。孵化初期，物质代谢很低，需氧量很少，胚胎只通过卵黄囊血液循环系统利用蛋黄内的氧气。孵化中期，胚胎代谢作用逐渐加强，需氧量也随之增加。尿囊形成后，通过气室、气孔利用空气中的氧气。孵化后期，胚胎从尿囊呼吸转为利用肺呼吸，每昼夜需氧量为初期的 110 倍以上。因此，孵化后期，通风量要逐渐加大，尤其是出雏期间，否则由于通风换气不良，导致出雏前死胚增多。

(4)翻蛋：翻蛋的目的主要是防止胚胎粘连。在孵化的早期，蛋黄上浮，如果不翻蛋，就容易发生胚盘与壳膜粘连；孵化中期不翻蛋会使尿囊与卵黄囊粘连而引起胚胎死亡，降低孵化率。另外翻蛋有利于胚胎均匀受热，发育整齐，出雏一致。

全自动孵化器有自动翻蛋装置，可以设定翻蛋时间(鸭蛋为第 26 天止)，一般每 1～2 小时翻蛋 1 次就可以了。需要人工翻蛋的机器必须每 2 小时由人工进行翻蛋。孵化前期应多翻，后期宜少翻，新型孵化机已可做到每 0.5 小时、1.0 小时、2 小时或 3 小时翻蛋 1 次，可手动或自动，直翻到落盘为止。启用自动翻蛋系统后，要注意每隔一段时间检查所显示的翻蛋次数和角度是否正常。在超温时，应先调节至正常温度后才予翻蛋，以减少死胚数。自动翻蛋的角度一般均为 90°，有人采用 120°，效果更佳。翻蛋时，尤其是人工翻蛋时要注意慢而稳，严禁动作剧烈。

(5)入孵位置的检查与控制：鸭蛋的孵化位置，与孵化率有关。经孵化实践，鸭蛋平放孵化的受精蛋孵化率为 83.9%，而大头朝上孵化的孵化率为 73.9%。鸭蛋严禁小头朝上放置孵化，因为将导致 60%的胚胎的头部在蛋的小头附近发育，而在雏鸭即将出壳时，仅有部分雏鸭能将其头部转向蛋的大头气室，但那些未能转身的鸭胚因其喙不能在开始肺呼吸时进入气室而死亡。即使侥幸能破壳而出，但时间延长，初生体重较小，孵化率也相当低。建议鸭蛋平放入孵效果好。

(6)晾蛋：晾蛋是我国孵化鸭蛋的传统工艺，多在孵化的中后期进行。它是通过除去覆盖物或打开机门，抽出孵化盘或出雏盘、蛋架车，必要时用喷水来迅速降低蛋温的一种操作程序，以期协助散热，为胚胎提供充足新鲜空气。晾蛋与否取决于蛋温的高低。蛋温受胚龄、气温、孵化机性能、蛋型大小等因素影响。凡后期胚胎眼皮测温感到“烫眼”时就应立即晾蛋，晾蛋的时间及次数以眼皮感觉“温而不凉”时为宜。

需要晾蛋的几种可能情况：孵化机无自动冷却系统或工作时不能有效降温而致蛋温偏高时；停电时间过长，室温较高，当胚蛋处于孵化中后期时，常致超温。因此不仅要定时打开机门调盘，必要时应抽出孵化盘、出雏盘、蛋架车晾蛋。

(7)鸭孵化效果的检查：在整个孵化过程中，要经常检查胚胎发育情况，以便及时发现问题，不断改善种鸭营养和管理条件及种蛋孵化条件，从而提高孵化率和雏鸭的品质。孵化效果检查的方法主要有照蛋检查、胚蛋剖检、胚蛋失重、出雏情况检查等四项。

①照蛋检查：照蛋是利用胚蛋内各部分对光的不同通透和折射特征来判别胚胎发育情况的生物学检查方法，照蛋应在黑暗的环境中进行，此方法简单，效果好，生产中最为常用。照蛋的目的是了解胚胎发育情况，了解所采取的孵化条件是否合适，如不合适即行调整，使胚胎发育正常，以利提高孵化效果。每批蛋在整个孵化过程中共进行 3 次照蛋，三次照蛋检查见表 4-1。

表 4-1　三次照蛋检查

	头照	二照	三照
照蛋日龄(天)	6～7	13	24～25
照蛋特征通称	起珠至双珠	合拢	闪毛

续表

		头照	二照	三照
无精蛋情况		蛋内透明，看不到胚胎、血管、蛋黄的暗影，隐约可见气室边缘，不明显	气室增大，边缘界线不明显。蛋内颜色浅黄发亮，蛋黄暗影增大或散黄浮动，不易见暗影	
胚胎发育情况	活胚蛋（正常）	气室边缘界线明显，胚胎上浮，隐约可见胚体弯曲，头部大，有明显黑点，躯体弯，有血管向四周扩张分布，如“蜘蛛状”	气室增大，边界明显，胚胎大，尿囊血管在小头“合拢”，包围全部蛋白	气室明显增大，边缘界线更明显，除气室外，胚胎占蛋的全部空间，漆黑一团，只见气室边缘弯曲，血管粗大，有时见胚胎黑影闪动
胚胎发育情况	活胚胎（弱）	胚体小，血管色浅，扩张面小	胚胎发育迟缓，尿囊血管还未“合拢”，蛋的小头淡色透明	胚胎气室边缘不齐，可见明显的血管
死胚胎		气室边缘界线模糊，蛋黄内出现一个红色的血圈或半环或线条	气室显著增大，边界不明显，蛋内半透明，看不见血管分布，中央有死胚团块，随转蛋而浮动，无蛋温感觉	气室更增大，边界不明显，蛋内发暗，混浊不清，气室边界有黑色血管，小头色浅，无蛋温感觉
照蛋目的		(1)观察初期胚胎发育是否正常 (2)剔出无精蛋和死胎蛋	(1)观察前、中期胚胎发育是否正常 (2)剔去死胎蛋和头照遗留的无精蛋	(1)观察后期胚胎发育是否正常 (2)剔出死胎蛋

照蛋应注意的问题:鸭胚在1～10日龄内,照蛋主要观察正面,即有胚盘的这一面,以后重点观察背面。照蛋的动作应迅速,以免胚蛋温度下降太多,影响胚胎的生长发育。如果进行大批照蛋,要注意室内加温。照蛋时应注意重点观察和一般检查相结合。

②胚蛋失重检查:在孵化过程中,由于蛋内水分蒸发,胚蛋逐渐减轻,其失重多少,与孵化器中的相对湿度大小有关,同时也受其他因素的影响。蛋的失重一般在孵化开始时较慢,以后迅速增加。

③出壳检查:雏鸭是发育完全的胚胎。对雏鸭出壳情况进行检查,也是一种看胎。出壳时间在28天左右,出壳持续时间(从开始出壳到全部出壳为止)约40小时,死胎蛋的比例在10%左右,说明温度掌握得当或基本正确。死胎蛋超过15%,二照胚胎发育正常,出壳时间提前,弱雏中有明显胶毛现象,说明二照后温度太高。如果死胎蛋集中在某一胚龄时,说明某天温度太高。出壳时间推迟,雏鸭体软肚大,死胎比例明显增加,二照时发育正常,说明二照后温度偏低。出雏后蛋壳内胚胎残留物(主要是废弃的尿囊、胎粪、内壳膜)如有红色血样物,说明温度不够。

④死胎蛋的解剖和诊断:如果在孵化过程中没有照蛋,当出雏时发现孵化成绩下降,或者在照蛋中发现死胎蛋,但原因不清,可以通过解剖进行诊断。随意取出一些死胎蛋,煮熟后剥壳观察。如果部分蛋壳被蛋白粘住,表明尿囊没有"合拢",是16日龄前的毛病;如果整个蛋壳都能剥落,表明尿囊"合拢"良好,是后期出的毛病。如果死胎浑身裹蛋白,则是在18～22日龄温度掌握失当,特别是偏高出的问题,因为25天左右的胚龄时,其蛋白应全部吞完;如死胚身上已无蛋白,那是25天到出壳期间温度掌握不当,特别是偏高产生的毛病。如果出雏时温度偏高,常出现"血嘌"(即啄壳部位淤血,是由于鸭受热而啄破尚未完全枯萎的尿囊血管出血所致);或出现"钉脐"(即肚脐上有黑白块,是因鸭受热而提前出壳,尚未枯萎的尿囊血管的血淤

在肚脐处)；也可能出现“穿嘌”(因挣扎呼吸，喙部突出)、“拖黄”(肚脐处拖有尚未完全进入腹中的卵黄)、“吐黄”(啄壳部位没吸收完的蛋白往外淌)、“胶毛”(出壳鸭的绒毛被蛋白粘连)的现象。如果头照出现“三代珠”(即“起珠”快慢不一，弱胚蛋多)，要从1～7日温度上找原因。种蛋不新鲜，也会出现“三代珠”，尿囊不“合拢”比例也大。尿囊不“合拢”部位较人的胚蛋，出壳鸭“胶毛”严重，死胎蛋中“吐清”、“裹白”的也多。

4. 出雏期操作

(1)出雏机准备：出雏机装胚蛋前和每次出雏后，应及时彻底冲洗、消毒。于落盘前12小时开机升温、加湿，正常运转，待温度、湿度稳定后，进行落盘。温度较低时，出雏机的温度一般均比孵化机低0.3～0.5℃，具体实施时要考虑到胚蛋发育情况、气温、出雏机内胚蛋等因素。如落盘时，75%以上胚蛋的气室已发育到“斜口”状态，属发育正常；如达不到“斜口”，属发育迟缓，可维持原来的温度到27天再进行降温。湿度较高时，出雏机湿度要比孵化机高15%以上，有利于出雏及防止雏鸭脱水。

(2)落盘：鸭蛋的整个孵化期是28天±(4～6)小时，平均为(672±6)小时(番鸭蛋32天)。根据入孵器类型，一般种蛋在第25或第26天转移到出雏器中同时进行最后1次照检，将死胚蛋剔除后，把发育正常的蛋转入出雏机继续孵化，称之“落盘”。落盘时，如发现胚胎发育延缓，应推迟落盘时间。落盘后应注意提高出雏机内的湿度和增大通风量。

落盘前出雏器和出雏盘必须经过彻底清洗消毒，无污染而且要晾干。接通出雏期电源，使之在落盘前升温。

出雏盘底部铺上干净、吸水性好的纸张，这有助于保持雏鸭干净，减少八字腿的发生率，使出雏盘容易冲洗。

从入孵器中依次取出每组胚蛋，放到出雏盘中。拿放胚蛋要小心，防止破坏胚胎。每个出雏盘要放置足够数量的胚蛋，确保出雏盘相对较满，但是也不能过分拥挤。落盘工作一定要由熟练的人员操作，尽量缩短胚蛋在机器外的时间。同时把污染的蛋取出，并记录数量。

出雏盘装满胚蛋要立刻放到出雏器中，以减少胚蛋的热量散失。

（3）转到出雏器：出雏器和孵化器的区别主要是无翻蛋装置。种蛋孵化后期（25 天以后）不需要翻蛋，胚胎可自动调整位置。胚蛋在孵化的第 25～26 天（根据孵化器类型）由孵化器转到出雏器，以提供最佳的环境，从而孵化出更多、质量更好的雏鸭。

在落盘前对出雏器要进行检查，并对出雏器进行清洗消毒。检查风扇间距和风扇状态，电机安装牢固并直立，喷嘴成直线；检查贮水器和纱布条的状态，以正确观察湿球温度；确定蛋架车已推至终止栓；检查加热器和出雏架的位置。出雏期间有三个重要的影响因素需要进行控制，即温度、湿度和通风换气。

①温度：根据机器类型不同，出雏器的适宜温度范围在 36.4～37.3℃。由于胚胎在出雏期产生大量的热量，因此机器的制冷系统显得很重要。稍微降低出雏温度，使其低于设定标准温度，通常会使孵化效果得到提高。

②相对湿度：从落盘开始，保持 75%的相对湿度（湿球温度 30℃）。有雏鸭开始出壳时把相对湿度提高到 85%（湿球温度 34℃）。由机器把湿度增加十分重要，这样机器就会把潮湿的空气排出到空气中去，而不是雏鸭把多余的潮气排出到空气中去，因此就会减缓雏鸭干燥的速度。所以要保证湿度的设定值足够高，出雏器的加湿器工作正常，能够把湿度提高到 34℃的湿球温度。保持出雏器内高湿的目的是确保雏鸭干毛慢，这样一日龄雏鸭才会健康、质量高。如果出雏器设备较陈旧，无喷雾装备，湿度不能达到要求的高度，需要用喷雾器向出雏器内喷热水，以增加湿度。水温以 35～37℃为宜，喷水次数每天 6 次。

③通风换气：开始时通风系统开到低档，如果通风量增加过早，

过快的空气交换就会使出雏器内干燥，不利于保持较高的湿度。在1日龄雏鸭绒毛干燥的后期，逐渐打开通风系统，到拣雏前8小时全部打开。如此严格的通风控制，出雏器内二氧化碳的浓度可以达到1%。

(4)出雏

①雏鸭破壳：适当降低出雏器的温度会提高孵化率和雏鸭质量。如果雏鸭绒毛颜色太浅，表明过去24小时温度太高。适当控制通风量和湿度对提高孵化率和雏鸭质量也很重要。通风量和相对湿度应当相对低一些。开始破壳时，出雏器的湿度设定值应提高，目的是保持出雏器内部尽量潮湿，降低刚出壳雏鸭绒毛干燥的速度。绒毛干燥的速度越慢，雏鸭质量越好。和其他家禽相比，一般认为鸭出雏时的湿度要高很多。只有在大部分的雏鸭绒毛快干燥时才增大通风量。

为了确保出雏的各项措施得到正确控制，应当经常检查出雏器，必要时加以调整。但是只有懂技术的孵化厅人员才能对出雏期进行设定，以确保有最好的孵化效果。

②拣雏：从出雏器拣雏的时间很重要，关系到雏鸭的质量和以后的商品鸭的生产性能。如果拣雏太早，脐带吸收不良，雏鸭潮湿和软弱，容易传染疾病、寒冷，不能开食。如果雏鸭在出雏器中待的时间太长，就会脱水，也会增加不开食雏鸭的数量。因此适时拣雏很重要。

一般在孵化的第27天又12小时时开始第一次拣雏。当然拣雏时间受孵化温度、种鸭年龄、蛋重、种蛋保存时间的一些影响。拣雏分3次进行：第一次在出雏30%～40%时进行；第二次在出雏60%～70%时进行；第3次在全部出雏完时进行。出雏末期，对少数难于出壳的雏鸭，如尿囊血管已经枯萎者，可人工助产破壳。正常情况下，种蛋孵满28天，出雏即全部结束。

捡雏时，必须对初生雏鉴别选择，及时淘汰残次雏，并将强雏与弱雏分开装运和饲养。强雏、弱雏的鉴别见表 4-2。

表 4-2 强雏、弱雏的鉴别

项目	强雏	弱雏
出壳时间	正常时间内	过早或最后出雏
绒毛	整洁、长短合适、色素鲜浓	蓬乱污秽，缺乏光泽，有时绒毛短缺
体重	大小均匀，符合标准	大小不一
脐部	愈合良好，干燥，覆盖绒毛	愈合不好，脐孔大，有硬块，有黏液，有血，或脐部裸露
腹部	大小适中，柔软	特别膨胀
行为	活泼，反应快	痴呆，闭目，站立不稳，反应迟钝
感触	饱满，挣扎有力	瘦弱，无挣扎力

从出雏器拣雏时抓雏鸭的颈部，每次 5 只，或者抓雏鸭的身体，每次 2 只。边数边放到结实、干净、干燥、通风良好的箱子中，把残弱的挑出单箱放置。

盛放 1 日龄雏鸭的箱子底部应铺上干净、干燥的纸张，以吸收多余的水分，保持雏鸭运输过程中干净。避免箱中的雏鸭过分拥挤。

③人工助产：在出雏后期，有的胚蛋已啄破一个洞，但绒毛干燥，甚至与壳膜粘连。在壳膜已发黄的蛋，需要人工助产。如尿囊、血管尚有血液不得助产，否则易引起死亡。

(5)清理：雏鸭大批出雏以后，留下的胚蛋可进行一次照蛋，取出死胚，把剩下的活胚蛋合并盘子，适当提高机内温度和湿度，以利弱胚出雏，同时将孵化废品及时处理。

(6)孵化成绩统计：孵化记录对孵化效果的检查、改善孵化条件和提高孵化率有好处。

孵化记录主要包括以下几方面：种蛋的保存时间；种鸭群号，入孵的机器号，种蛋孵化天数，入孵数量；照蛋结果包括受精蛋数、无精蛋数、污染蛋数、早期死亡；入孵器温度、湿度；落盘时间；出雏器温度、湿度；孵化出雏数、一级雏数、二级雏数。

根据以上记录项目，结合本厂实际情况，可以制定一个记录表格，这样会一目了然。由上述记录数字还可以计算一些孵化指标，评价孵化效果。常用的孵化指标有如下几种：

①受精率(%)：受精蛋数(包括死精蛋和活胚蛋)占入孵蛋的比例。

②早期死亡率(%)：通常统计头照时的死精蛋数占受精蛋的百分比。

③受精蛋孵化率(%)：出壳雏数(包括健雏、弱、残和死雏)占受精蛋比例。此项是衡量孵化场孵化效果的主要指标。

④入孵蛋孵化率(%)：出壳雏数占入孵蛋的比例。该项反映种鸭场和孵化厂的综合水平。

⑤健雏率(%)：健雏占总出雏数的百分比。有时需要计算一级雏百分率和二级雏百分率。

⑥死胎率(%)：死胎蛋占受精蛋的百分比。死胎蛋一般指出雏结束后扫盘时的未出壳的种蛋，如果孵化效果不理想时，还可以对这些蛋进行剖检，以确定胚胎死亡的具体时间和原因。

5. 初出雏鸭的雌雄鉴别

性别鉴定是我国广大鸭师傅的传统技艺，初生时拣出公鸭另群饲养，可节约育雏的房舍、设备和饲料；淘汰的、多余的种公雏可快速育肥出售。因此，现代化养鸭业都非常重视雏鸭雌雄鉴别(鉴别方法见本章前述)。

6. 雏鸭存放和运输

雏鸭存放室的温度较温暖，一般要求 24～28℃，通风良好并且无穿堂风。雏鸭盒的码放高度不能太高，一般不超过 10 个，并且盒之间有缝隙，以利于空气流通。不要把雏鸭盒放在靠暖气、窗户处，更不能日晒、风吹、雨淋。

移动雏鸭要小心。雏鸭运输最好用空调车，以保证有舒适的环境。车内有足够的空间，保证运输箱周围空气流通良好。必须注意，1日龄雏鸭在高温、通风不良的情况下，比低温时更容易死亡。

雏鸭应当尽快运到肉鸭场，越早运到饲养场，饲养效果越好。

(三)孵化过程中应注意的问题

1. 停电

孵化时，为了预防停电，必须采取一系列应急措施。

(1)要有两套供热设备，一是自备发电机，遇上停电，马上发电。孵化场应和当地供电部门保持联系，在得知要发生停电时，事前做好启用备用发电机的工作；二是孵化室内设火炉和火墙，遇到停电，立即提高室温，保持在18.5～37.8℃的范围内，并关闭机门和机上的通气孔，定时对调下、上蛋盘等措施，同时地面洒温水调节湿度，以保证胚胎的正常发育。

(2)对孵化机内温度的掌握。如果是孵化前期的胚蛋，要注意保温，孵化后期的胚蛋要注意散热。但也要根据季节和室温具体掌握。

①保住室温：将孵化室内泄温的门窗关闭，尽可能使室温保持在27～30℃，不低于25℃。

②切断电源：停电时将所有孵化机(器)的电源切断，以防来电时全部孵化机启动，电流过大使保险丝熔断。通电时，应根据各台孵化机的具体情况分别逐台启动。

③定期翻蛋与调盘：停电后匀温装置不起作用，机内蛋盘间的温差加大，故要每隔半小时人工翻蛋1次，必要时上、下调盘调温。测温一般用眼皮测温法，温度计仅作参考。

④如果是计划内的短时间停电，应在停电前稍加温；如果是经常性的短时间停电，则要根据积温适当调整施温方案。

⑤孵化前期的胚蛋，遇不超过12小时的停电，只需将电孵机的

门、气孔关闭即可;孵化中期的胚蛋,遇停电应每隔3小时检查蛋温1次,必要时进行调盘、晾蛋;孵化后期的胚蛋,遇停电,除个别情况外,都应先打开前后机门放温,因为这时胚蛋代谢热过剩,同时每隔2小时检温1次,防止热死或闷死胚蛋。

2. 其他故障的排除

(1)风扇转速低:风扇皮带老化松弛,致使转速减慢,机内气流搅拌不匀,出现高温和低温死角。有时皮带会断裂,风扇停止工作。故对皮带要经常检查,发现松弛或老化及时更换。

(2)风扇摩擦机壁:原因是风扇固定不牢,左右摇摆,发出噪音,应及时固定。

(3)机内温度失控:注意是电子继电器性能差,灵敏度低,不能及时准确控温。有时会出现机内温度只升不降的现象,主要是水银温度计失灵,水银柱出现断柱,动点定点不能准确接触所致。必须及时更换水银导电温度计。

(4)电动机运转不良或机壳烫手,应立即进行维修或更换。

3. 孵化过程中的臭蛋的处理

在孵化过程中,很容易产生臭蛋。臭蛋的危害很大,处理不当将严重影响孵化效益。下面就臭蛋的危害、形成、处理及预防4个方面作一简述。

(1)臭蛋的危害:臭蛋不仅污染环境、影响孵化率,而且危害雏鸭健康。其危害机制主要是:臭蛋内容物含大量绿脓杆菌,臭蛋一旦爆裂,绿脓杆菌就会侵入正常种蛋内部繁殖,引起这些正常发育种蛋胚胎死亡、发臭,变成另一臭蛋污染源,再污染其他种蛋,形成恶性循环。另外,臭蛋内含有高浓度的硫化氢气体,散发在孵化室内,影响胚胎的呼吸代谢。如果室内硫化氢达到较高浓度,将造成胚胎窒息死亡,从而影响出雏率。

(2)臭蛋的形成:臭蛋的形成是细菌感染种蛋的结果。这些细菌多属假单胞菌属,主要是绿脓杆菌。臭蛋形成的原因主要有以下几个方面：

①母鸭羽毛、脚、粪便、垫料及鸭舍设备污染了蛋壳，随着蛋产出后的迅速冷却，内容物收缩，附着在蛋壳上的细菌随之侵入蛋内繁殖。

②破蛋、裂纹蛋及薄壳蛋，细菌很容易侵入蛋内。

③由于臭蛋的爆炸，污染同机孵化的种蛋。

④孵化用具消毒不严，污染孵化的种蛋。

(3)臭蛋的处理：孵化过程中，若发现臭蛋及被污染的种蛋应轻轻移出该孵化盘，取下没被污染的种蛋，码入另一消毒过的清洁盘中，插入孵化器内。臭蛋及被污染的种蛋装入密封容器内，清出孵化室；孵化盘用5％次氯酸浸泡24小时，彻底清洗后再用。

(4)臭蛋的预防

①严格挑选种蛋。脏蛋、破蛋、裂纹蛋、薄壳蛋不能入孵，禁止用湿抹布擦拭种蛋。

②搞好种蛋消毒。种蛋从鸭舍内拣出后，立即用高锰酸钾、福尔马林熏蒸20分钟后送入蛋库，上蛋后在孵化室内再熏蒸20分钟。

③照蛋，落盘时应及时发现并除去臭蛋、裂纹蛋。

④搞好孵化用具及孵化室的清洗消毒。孵化用具如蛋盘，出雏盘要用药液浸泡，冲掉蛋皮、蛋液和胎粪、黏液等污垢。出雏机出雏完要彻底消毒1次。孵化室地面每2天坚持用5％次氯酸钠或10％来苏儿消毒1次。

第五章 饲养管理

良种肉鸭生长速度快，生产周期短，因此除了要求高质量的饲料满足其对各种营养元素的需要之外，还必须有科学的管理，才能充分发挥优良肉鸭的遗传潜力。

第一节 育雏阶段的饲养管理

雏鸭阶段是鸭生产的关键阶段，雏鸭刚从鸭蛋孵化出来，来到一个全新的环境，需要尽快适应这个环境。由于雏鸭相对比较娇嫩，对环境比较敏感，尤其对环境温度的要求较高，抗病力较差，稍有管理不当，就可能引起生长不良，甚至导致成活率下降，对育肥期的增重和经济效益造成大的影响。因此一定要抓好育雏期的饲养管理。

一、雏鸭的特点

雏鸭是指从孵化出壳到30日龄的小鸭，要培育好雏鸭，首先必须了解其特点，然后根据其特点进行饲养管理。

1. 调节体温机能弱

刚出壳的雏鸭个体小，绒毛短稀，体温较低，体温调节机能较弱，难以适应外界温度的变化，既怕冷，又怕热。因此在育雏期间必须进行保温，使雏鸭生活在既不感到冷、又不觉得热的温度环境中。直至鸭的体温调节机制趋于完善后，根据情况逐渐脱温(停止保温)。

2. 生长发育迅速

雏鸭生长发育迅速，4周龄时比出生时体重增加24倍，7周龄时增加 60 倍，因此育雏期间要求供给充足而优质高蛋白质全价饲料。

3. 消化能力弱

雏鸭的嗉囊和肌胃容积很小，贮存食物很少，消化机能差，消化系统需要逐渐发育完善。但雏鸭生长极为迅速，单位体重的新陈代谢及营养需要量较大，因此在管理上应做到给予营养成分高，且易于消化的饲料；少量多次饲喂，不断供水，满足其生理需要以助消化。若饲养管理不当，则雏鸭会因消化不良引发肠道疾病。

4. 适应环境能力差

雏鸭对外界环境的微小变化非常敏感，外界的任何刺激都会导致雏鸭情绪紧张而四处乱窜，影响采食，甚至引起死亡。因此育雏期间甚至以后各饲养阶段，要注意保持周围环境安静，有规律而细心地进行操作、管理。如果饲养环境较复杂，条件差，最好的措施是把会引起鸭应激的条件（如各种响声、黑暗、强光、各种颜色等），在出壳后的 30 小时内让雏鸭适应，使其习惯于接受这种刺激，以后就不会因这种刺激引起情绪紧张而四处乱窜。

另外，雏鸭娇嫩，对外界环境的抵抗力差，易感染疾病，因此，育雏时要特别重视防疫卫生工作。

二、育雏方式

“一段式”养殖育雏时可根据育雏数量在育肥舍用塑料布隔出育雏舍即可，若网眼较大可加一层网眼 10 毫米×10 毫米的网。“两段式”养殖，雏鸭从孵出到脱温期间是在育雏舍培育的，因此育雏可采用网床平养或者多层笼养方式。

1. 网上平养

育雏网床由底网、围网和床架组成，网眼 10 毫米×10 毫米。网床的大小可以根据育雏舍的面积及育雏的数量来设计是采用单排网床还是双排网床，床距地面的高度为 50 厘米。

育雏舍的面积在 30 日龄前不超过每平方米 10～15 只，可采用网上分栏平养幼雏，以每栏200～300只为宜，如果群体过大，往往由于外界应激因素的影响，造成鸭群挤压死亡和残伤。

采用网上平养，要求育雏室内温度能满足雏鸭的需要。育雏室内温度可通过地下烟道、暖气、煤炉、电炉及红外灯等取暖设备供热来实现。

2. 笼养

如果育雏舍面积有限且育雏数量较多，可采用多层笼养方式。多层笼养可减少鸭舍和设备的投资，提高劳动效率。

目前有多层笼养或半阶梯式笼养。选用哪一种类型应视建筑情况，并考虑育雏前期饲养密度、育雏后期分群、除粪和通风换气等因素。笼子可用金属或竹木制成，长度可根据育雏舍来设计，除留足走道外，其余皆可用来放置育雏笼，育雏笼宽0.8～1米，高20～25厘米。底板采用塑料网，网眼10毫米×10毫米，两层间设一承粪板。食槽、水槽置于笼外，一侧为食槽，另一侧为水槽。

三、进雏前的准备

进雏前的准备工作非常重要，充分做好准备工作是养好鸭雏的首要条件，提供安全适宜、清洁卫生的生长环境是养好鸭雏的前提。"一段式"养殖进雏前的准备可按程序直接进行，"两段式"养殖进雏前的准备则是育雏舍和育肥舍分别准备，只是育肥舍比育雏舍晚15天而已。

1. 进雏前15天

清扫院落、道路，清理排水沟，清理场舍四周杂草。以保证排水通畅，沟内无污物。

2. 进雏前14天

无论是新建鸭舍，还是利用过的鸭舍，在进鸭之前都要对鸭舍的门窗、屋顶、墙壁等进行检查和维修，堵塞门窗缝隙鼠洞，特别注意防止贼风吹入。

检查维修之后要进行严格的清扫和消毒。首先清扫屋顶、四周墙壁以及设备内外的灰尘等脏物。若是循环生产，每一批鸭出舍以后，应对鸭舍进行彻底的清扫，将粪便、剩料分别清理出去，对地面、墙壁、棚顶、用具等的灰尘要打扫干净。

3. 进雏前 13 天

按顺序冲洗鸭舍的房顶、墙壁、棚架、饲养用具、地面及排水沟，从上到下，由内及外，做到不留死角。

冲洗是大量减少病原微生物的有效措施，在鸭舍打扫以后，都应进行全面的冲洗。不仅冲洗地面，而且要冲洗墙壁、网床、围网、饲料器、饮水器等一切用具。如地面粘有粪块，结合冲洗时应将其铲除。最好使用高压水枪冲洗，如没有条件应多洗一两遍，冲洗干净以后，在水中加入广谱消毒剂喷洒消毒一遍。冲洗后保证舍内任何物体表面都要冲洗到无脏物附着。

4. 进雏前 12 天

无论采用什么热源，都必须事先检修好。如有专门通风、清粪装置及控制系统，也都要事先检修。

(1)热风炉供暖：如果使用热风炉要事先检查，发现问题，及时维修。

(2)锅炉供暖：分水暖型和气暖型，育雏供温以水暖型为宜，需进行检查维修。

(3)红外线供暖：红外线发热原件有两种主要形式，即明发射体和暗发射体，两种都按每 200～300 只鸭一个安装在金属反射罩下。

(4)保温伞：采用保温伞育雏的将保温伞安装在适当位置，伞外围 60～150 厘米处安装护围。护围用镀锌铁板、铁丝网均可。

(5)刮粪设备：要进行试运行（“两段式”养殖的因前 30 日龄粪便较少，育雏舍不需要安装）。

(6)照明灯：8 日龄前按每 20 平方米安装 40 瓦灯泡 1 个，8 日龄至出栏灯泡换为 15 瓦的数量准备，可多准备一些。

(7)消毒药品:消毒药常用福尔马林、氢氧化钠、百毒杀、过氧乙酸、新洁尔灭、高锰酸钾、抗毒威、消毒王、生石灰、漂白粉、乙醇等,这些药根据其作用交替使用,因此都要备足。

(8)防疫药品:根据本批养鸭数量准备各种疫苗,通常雏鸭主要用病毒性肝类、传染性浆膜炎—大肠杆菌、禽流感、鸭瘟等疫苗,可按免疫程序准备,妥善保存。

(9)其他:检修供水、电、暖设备,损坏的设备要维修、更换。

5. 进雏前11天

清扫道路、院落,用生石灰及3%热氢氧化钠溶液消毒,消毒液要保证喷洒到每个角落。

6. 进雏前10天

将设备搬入鸭舍,关闭门窗,用3%热氢氧化钠溶液消毒,消毒液要保证喷洒到每个角落。

7. 进雏前9天

网床育雏的要安装棚架、塑料网和护围(网架表面要求平滑,无钉头、无毛刺)。一栋鸭舍内至少挂2支干湿温度计(离床面5厘米)。

8. 进雏前8天

摆放饮水器、开食盘;一个直径30厘米的开食盘供30～50只开食。每1000只雏鸭至少需要20个2升的真空饮水器。

9. 进雏前7天

将鸭舍门窗、进风口、出气孔、下水道口等全部封闭,并检查有无漏气处;在舍温25℃,空气相对湿度75%的条件下进行熏蒸消毒。

目前,鸭舍熏蒸消毒的常用药物有两种:一种是用福尔马林消毒,按每立方米空间用高锰酸钾21克、福尔马林42毫升熏蒸消毒,或福尔马林30毫升加等量水喷洒消毒,密闭熏蒸24～48小时,消毒效果较好(陶瓷盆在棚舍中间走道,每隔10米放一个;瓷盆内先放入高锰酸钾,后倒入甲醛;从离门最远端依次开始;速度要快,出门后立即把门封严;如湿度不够,可向地面和墙壁喷水)。其二是用主要原料为二氯异氰尿酸钠的烟熏,利用二氯异氰尿酸钠在高温下产生二氧化氯和新生态氧,利用二氧化氯的强氧化能力,将菌体蛋白质氧化,从而达到杀死细菌、病毒、芽孢等病原微生物的作用。如果离进鸭还有一段时间,可以一直封闭鸭舍到进鸭前3天左右。空舍2～3周后在进鸭前约3天再进行1次熏蒸消毒。

10. 进雏前6天

按计划备足燃料。清扫鸭舍周围环境。鸭舍门前的消毒池可添加消毒液,没有消毒池的可设置消毒盆。

11. 进雏前5天

打开门窗、通气孔和排风扇,彻底排除多余熏蒸气体。此时,人员再进出必须经过消毒池(盆)脚踏消毒。

12. 进雏前4天

通风时间不少于24小时,杜绝人员进出。

13. 进雏前3天

落实进雏、进料、购药事宜。

雏鸭0～7周龄累计饲料消耗为每只5千克左右。"公司+农户"模式的养殖者根据合同使用"公司"的全价配合雏鸭饲料;专业户饲养模式除可购买"公司"的全价配合雏鸭饲料外,也可自己配制。自己配制时要注意原料无污染、不霉变,最好现用现配,一次配料不超过3天用量,饲料形状以颗粒料最好。也可从饲料厂购得复合预混合饲料或浓缩饲料再配成配合饲料。

14. 进雏前2天

一段式养殖可在养殖房舍内根据雏鸭数量用塑料布隔出育雏室,开始生火预温。

15. 进雏前1天

无论采取何种饲养方式,按要求预温达到28～30℃,空气相对湿度65%～70%。并检查育雏温度和湿度,准备好各种记录表格、连续注射器、滴管、刺种针、秤和喷雾器及其他工具。

准备工作全都符合要求后即可准备接雏。

16. 进雏前 2 小时

在进雏前 2 小时将饮水器装满水，饮水温度，在寒冷冬季提供不低于 20℃的温开水，炎热季节尽可能给雏鸭提供凉水。水中加入 6%～8%的葡萄糖或白糖，并在饮水中加入适量的药物(如 0.02%的土霉素、0.01%的高锰酸钾等)。添水量以每只鸡 6 毫升计算，将饮水器均匀地分布在育雏器内。饮水器放置的位置应处于鸭只活动范围不超过 1.5 米的地方均匀摆放，每只鸭至少占有 2.5 厘米水位，饮水器高度要适当，水盘与鸭背等高为宜，要随鸭生长的体高而调整水盘的高度，防止鸭脚进水盘弄脏水或弄湿垫料及绒毛，甚至淹死。

四、接雏

无论是公司负责运送的雏鸭、购买鸭苗还是自育鸭苗，雏鸭到场后，为防止雏鸭受凉或受热，应第一时间将雏鸭盒(箱)卸下搬入鸭舍内，并小心地将雏鸭放到用塑料布隔出的育雏室的网床上，密度为每平方米 30～35 只，再把所有的装雏盒(箱)随运雏搬出舍外。对一次用的纸盒要烧掉；对重复使用的塑料盒、箱等应清除箱底的垫料并将其烧毁，下次使用前对运雏盒(箱)进行彻底清洗和消毒。

五、育雏期的饲养管理

雏鸭阶段是鸭一生中相对生长最快、且是整个生长期中最重要的基础阶段，也是饲养最关键、工作最繁琐、技术要求最细致的阶段，必须进行精心培育。雏鸭培育的关键在于抓好最初的保温和喂养，培育幼雏的目的是努力保证成活率达到 90%以上。

1. 育雏温度的控制

温度是育雏成败的重要条件。鸭幼雏绒毛稀而短，吃料少，消化机能较弱，产热不多，体温调节机能不健全，对于温度非常敏感，因此育雏期要人工保温。如果疏忽保温环节，使温度过低或过高，很容易使雏鸭发病，甚至死亡。幼雏出壳后 5 天内的保温工作尤为重要，如果忽视保温环节，死亡率高达 50%，甚至全群覆没。加强保温环节，给雏鸭提供稳定而适宜的温度，能有效地提高成活率，有利于生长发育。

育雏温度，保温器育雏是指距离热源 50 厘米网面上 5 厘米处的温度。鸭育雏的适宜温度要求见表 5-1。育雏保温要根据具体情况灵活掌握，不能生搬硬套，一成不变。总的原则是：小雏宜高，大雏宜低；小群宜高，大群宜低；早春宜高，晚春宜低；阴天宜高，晴天宜低；夜间宜高，白天宜低。

表 5-1　育雏鸭的适宜温度

日龄	育雏器温度(℃)	室内温度(℃)
1	34	30～28
2～5	34～33	29～27
6～9	33～32	28～26
10～13	32～31	26～25
14～17	31～30	25～24
18～21	30～29	24～23
22～24	29～28	23～22
25～27	28～27	22～21
28～30	27～26	21～20

掌握育雏温度，一要看温度计(挂置在适当位置)，二要注意仔细观察雏鸭的活动、休息和觅食状况。温度正常时，雏鸭精神饱满，活泼，食欲良好，饮水适度，绒毛光亮，伸腿伸腰，分布均匀，静卧无声，吃食、饮水、排泄正常。温度过高，雏鸭张口呼吸，喘气，翅膀张开，抢水喝，采食量减少，粪便变稀远离热源，精神沉郁。温度过高，雏鸭易

患呼吸道疾病或引起啄趾、啄羽等恶癖，夏季还容易中暑，如果育雏器狭窄，雏鸭无处躲避，还易发生热射病，甚至造成死亡。温度过低，雏鸭拥挤在热源附近，缩颈，行动迟缓，夜间睡眠不稳，闭眼尖叫，拥挤扎堆，互相取暖，往往造成压伤或窒息死亡。

雏鸭舍加温，要注意通风良好，预防一氧化碳中毒及火灾等。

2. 开水

雏鸭要掌握"先饮水，后开食"的原则。

鸭雏入栏后的第一次饮水，俗称"开水"。出壳后的幼雏还有一部分蛋黄未吸收，这部分营养物质需要3～5天才能基本吸收完毕，饮水能促进对这些营养物质的吸收利用，这对幼雏的生长发育有明显作用。饮水还可以补充在孵化过程中胚雏所丧失的水分，刺激食欲，促进胎粪排出，并有助于饲料的消化和吸收。如不及时饮水，幼雏会因蛋黄未充分吸收等方面原因而绒毛发脆，影响健康，甚至脱水死亡。

若雏鸭不懂饮水，可以教饮，即抓一只健壮的雏鸭，将喙浸到水槽中沾上水，雏鸭很快就会饮水，其他雏鸭也会仿效。饮水器应每天清洗或消毒1次。

饮水的供应不能中断。缺水会造成雏鸭口渴，一旦恢复供水，就会因抢水而被挤死、淹死、湿身感冒，或造成饮水过多而不思饮食，或引起消化不良等肠胃病的发生。给水要少给勤添。喂料前5～10分钟，给水1～3次；喂料结束时，给水1～3次；在2次喂料的间隔时间，视情况给水1～3次。

3. 开食与饲喂

雏鸭第一次喂料叫"开食"，适时"开食"，既有助于雏鸭腹内蛋黄吸收和胎粪排出，又能促进生长发育。若"开食"过早，大多数雏鸭不会采食，健壮雏会先采食从而使雏群的发育不平衡，给以后的饲养管理造成困难，增加饲养成本。"开食过迟"，不仅影响雏鸭的生长发育，还会增加死亡率。开食一般在雏鸭开水2～3小时后，渐渐活动开来，并出现类似啄食的动作，这时“开食”恰到好处。

雏鸭开食一般用浅料盘，也可以把饲料撒在浅料槽内，为了防止雏鸭浪费饲料，在浅料盘下面铺一层报纸或塑料布，3 天后把报纸或塑料布撤去。

“公司＋农户”模式的养殖者要根据要求使用“548”料或“548L”料，专业户饲养模式第一次开食可用碎玉米、碎糙米等，饲料量按 200 只雏鸭 500 克计算。用碎玉米、碎糙米等开食时将饲料煮成半熟后放到清水中浸一下再捞起。初次喂食的饲料要求做到不生、不硬、不烫、不烂、不黏。撒在纸或塑料布上，要撒得均匀，边撒边吆喝，调教采食。开始 3 天内，可在饲料中加入 200 毫克/千克土霉素（或 100 毫克/千克的呋喃唑酮）。拌好的料要做到既散又湿，且撒到雏鸭身上不沾。也可采用加水的湿粉料或碎粒料饲喂。雏鸭开食后要喂配合饲料。

开食时间最好安排在白天，以便雏鸭看见饲料，否则应将饲料放在灯光处。开食当天，要求全天供料。喂食时可给予一定的信号，让鸭形成条件反射。

雏鸭“开食”的好坏，可以从采食量、叫声等多方面来综合判断。“开食”好的，吃料越来越多，体重也随之增加，叫声轻快、有间歇；如果发现异常，应及时隔离，查明原因，采取必要措施。

“开食”后的前 3 天，可采用“开食”一样的饲喂方法，一样的饲料。3 天后专业户饲养模式改为自配育雏饲料，并改为用料桶饲喂。初生的雏鸭，食道膨大部不很明显，贮存饲料的容积很小，消化器官还没有经受过饲料的刺激和锻炼，消化机能不健全，肌胃的肌肉也不坚实，磨碎饲料功能很差，所以要少吃多餐，少喂勤添，随吃随给，料桶内要稍有余食，但不能太多，以防酸败。3 日龄起就可以采用定时喂食，每隔 1.5～2 小时喂 1 次外，晚上也要喂 2 次；对不会自动走向料桶的弱雏，要耐心引诱它去采食，使每只都能吃到饲料，吃饱而不吃过头；8～12 日龄每隔 3 小时喂 1 次，每昼夜喂 8 次；13～15 日龄每隔4小时喂1次，每昼夜喂6次；16～20日龄每昼夜喂5次，白天每隔4小时喂1次，夜间每隔6小时喂1次；21日龄以后，每隔6小时喂1次，每昼夜喂4次。

4.湿度控制

育雏前期，育雏室内温度较高，水分蒸发快，相对湿度要高一些。如舍内空气湿度过低，雏鸭易出现脚趾干瘪、精神不振等脱水症状，影响健康和生长。所以1龄内，育雏室内的相对湿度应保持在60%～70%，2周龄起维持在50%～60%即可。若湿度过高，则高温高湿的环境，不仅使雏鸭的体热散失受阻，食欲减退，精神不佳，而且为霉菌等致病菌的生长繁殖创造了条件，从而导致雏鸭发病。若遇低温高湿，对雏鸭危害更严重。在生产中，湿度低时，可通过放置湿垫或洒水等方法提高湿度；湿度高时，可通过加强通风换气等加以控制。

测定相对湿度采用干湿球温度计，如测定鸭舍内相对湿度，应将干湿球温度计悬挂在舍内距网面5厘米高度，分别读出干球温度和湿球温度，求出二者的相差数，然后查干湿球温度计的相对湿度查对表即得相对湿度。

测定相对湿度，使用干湿球温度计应注意以下几点：

(1)干湿球温度计在使用前，必须检查干球和湿球两支温度计所示温度是否相同，如不一致，要将其差度记下，计算时依此差数加以纠正，以保证测定结果准确性。

(2)使用湿度温度计前，将包湿球温度计的纱布或棉绳上的浆质等除去以利于吸水。使用期因纱布或棉绳在水中易变硬或沾染灰尘和绒毛，影响水分的蒸发，因此要注意保持纱布或棉绳的清洁，经常清洗或更换，确保湿度计的准确性。

(3)盛水的玻璃管与湿度温度计的球部不可紧接，要相距2～3厘米，盛水玻璃管要注满清洁水，同时要注意更换用水。

(4)每天上、下午分别观察和登记干、湿球度数。

5. 光照控制

雏鸭特别需要日光照射，在自然光照时间不足的情况下，可用人工光照补足。育雏期内光照强度可大些，时间可长些。第 1 周龄每昼夜光照 18～23 小时；第 2 周龄开始，逐渐降低光照强度，缩短光照时间；第 3 周龄起，采用白天自然光照或 8～10 小时光照，夜间暗光通宵照明，每平方米 4 瓦即可。如采用可发光的红外线灯保温，就可以不需另装照明灯了。

此外，黄光、青光也易导致鸭发生恶癖，而橙黄、红、绿光则不易使鸭发生恶癖。因此，应注意光源发出的光线性质。

6. 通风换气

育雏期室内温度高，饲养密度大，雏鸭生长快，代谢旺盛，呼吸快，需要有足够的新鲜空气。舍内粪便因潮湿发酵，常会散发出大量氨气、二氧化碳和硫化氢，污染室内空气。因此，育雏时既要保温，又要注意通风换气以保持空气新鲜。

在保温同时要注意通风换气，尽最大可能保持舍内空气新鲜，排出舍内的毒气和过多水分。冬季可先将室温提高 1～2℃，再开门窗，保证室温稳定。

7. 密度控制

密度是指每平方米网底面积上饲养的雏鸭数。鸭的饲养密度对鸭的生长发育和健康是有很大影响的。如果密度过大，则生长慢，发育不整齐，互相拥挤，容易导致伤残。此外，还易造成雏舍内空气污浊，场地卫生不良，感染疾病和发展恶癖，死亡率增加，得不偿失。但饲养密度过小，则鸭舍和用具的利用率不高，增加饲养成本。适合的密度为：1 周龄以内 30～50 只/平方米；2 周龄以内 15～25 只/平方米；4 周龄以内 10～15 只/平方米。可根据季节适当调整，夏季密度稍低，冬季密度稍高。每群鸭以 200～300 只为宜。

8. 卫生防疫

由于雏鸭个体小，抗病力虽然强于其他家禽幼雏，但是育雏期是其一生中最易感病的时期，并且育雏期饲养密度大，一旦感染疾病则传播快，难以控制。所以鸭育雏期必须贯彻预防为主的方针，搞好日常清洁卫生工作，制订严格的消毒和防疫制度，并认真执行。

(1)清洁卫生

①用具卫生：食槽和水槽每天要洗刷、清洗 1 次，保持各种养鸭用具的清洁卫生。

②饲料清洁：饲喂的湿料，放置时间太长容易酸败，应予处理。为避免饲料污染，每天至少清除 1 次料桶中的剩余饲料。

(2)消毒

①每次育雏开始之前或结束后，都必须按进雏前的消毒程序进行彻底消毒。

②食槽与饮水器要定期用 2%～3%的烧碱消毒。

③青菜等青饲料应以清水或含 1/10000 高锰酸钾的水洗净后，才能饲喂。

(3)饮水防疫：虽然网上平养鸭方法由于不与外界接触，杜绝了传染源，一般很少发生疫病，但是为了确保养殖安全，要坚持“预防为主，防重于治”的安全饲养原则。雏鸭 6～8 日龄，饮 0.2%的呋喃唑酮水；9～13 日龄，饮用 0.2%的高锰酸钾水；14～16 日龄，饮用 0.2%的呋喃唑酮水。

(4)管理防疫：育雏室要有专人管理，进入育雏室要严格消毒，非饲养人员严禁入内，谢绝一切参观访问人员。

9. 日常管理

(1)每次进育雏室，首先要观察鸭幼雏的状态，检查温度、湿度和换气是否合适，然后清洗料桶和饮水器，加料和换上清洁饮水。

(2)按时投料、换水，要保证不缺料、不断水。

(3)网上粪便每天清除 1 次，网下的粪便每天清除 1 次。

(4)遵守光照制度。

(5)1 日龄注射鸭肝类弱毒疫苗，7 日龄注射传染性浆膜炎-大肠杆菌油乳灭活苗，14 日龄注射重组禽流感病毒灭活疫苗，21 日龄注射传染性浆膜炎-大肠杆菌油乳灭活疫苗。疫苗免疫和药物预防应根据当地疫病流行情况和气候环境因素合理制定。

(6)注意经常观察鸭的状态。每天观察鸭的状态和行为、吃料饮水的情况以及粪便，发现不正常行为或情况应及时采取措施。鸭早晨如果精神状态很好，动作敏感，总是像在寻找什么似的，这说明一切情况是正常的；如果有异常，要检查温度和通风换气是否适宜。喂食时，凡低头垂翅、呆立不动、卧地不起、精神不振者，多为病雏。如见软稀便、混血便，要查明原因，并进行相应处理。对于病雏，要根据症状进行诊断、治疗，对患传染病的要隔离。发现有死雏，应认真做好剖检工作，以便查明原因。

(7)防鼠、狗等侵害：注意消除外来兽类的侵害，亦可降低育雏期的死亡率。

10. 及时分群

雏鸭中总有大、中、小或强、中、弱等情况，随日龄增加，必须及时分群和调群。

11. 脱温

雏鸭随着日龄的增长，采食量增大，体重增加，体温调节机能逐渐完善，抗寒能力较强，或育雏期气温较高，已达到育雏所要求的温度时，此时要考虑脱温。脱温或称离温是育雏室内由取暖变成不取暖，使雏鸭在自然温度条件下生活。

脱温时期的早、晚因气温高低、雏鸭品种、健康状况、生长速度快慢等不同而定，脱温时期要灵活掌握。春雏一般在 40 日龄，夏雏和秋雏一般在 30 日龄脱温。

脱温工作要有计划逐渐进行。“一段式”养殖如果室温不加热能达到 18℃以上，就可以脱温。如达不到 18℃或昼夜温差较大，可延长给温时间，可以白天停温，晚上仍然供温；晴天停温，阴雨天适当加温，尽量减少温差和温度的波动，做到“看天加温”。经 1 周左右，当雏鸭已习惯于自然温度时，才完全停止供温。“两段式”养殖因育肥舍多无加热装置，可根据温度（18℃以上）适当延长育雏时间。

雏鸭脱温时，要注意天气的变化和雏鸭的活动状态，采取相应的措施，防止因温度降低而造成损失。

12. 后备种鸭的选留

雏鸭 30 日龄时结合转舍或分群，按品种标准第一次按公母比例 1∶4 选留后备种鸭后，其余全部转入育肥鸭舍进行育肥。

（1）健康状况良好，健康的种鸭羽毛，绒毛生长整齐洁净，眼亮有神，眼睛、肛门附近没有分泌物污染，颈项伸缩自如，腿脚干净；行动灵活，步态稳健。

（2）外貌体态符合品种特征。种公鸭要求头颈粗短，身躯呈长方形，腰背平而宽，胸部宽厚，脚掌有力；种母鸭躯体比公鸭稍短而宽，头颈稍小。

13. 做好记录和建立饲养管理规程

对于管理良好的鸭场和养鸭专业户来说，记录鸭舍的温度、湿度、饲料消耗、药物应用、群鸭数量、生长增重、疾病发生、死亡淘汰数等很有必要，这样可根据记录了解鸭群的生产性能，进而改善饲养管理。可通过抽检部分鸭，称量其样本重来测定鸭的生长情况，评价在现有饲养水平下鸭的生产性能。应当建立养鸭管理规程，在预定时间内做好饲养管理工作。如饲喂、换水、铺垫料、清洁卫生等。有一个固定的规程，将会减少工作遗漏和鸭群的应激，使鸭群按生活规律在舒适的环境中生活。

第二节 育肥鸭的饲养管理

鸭在 31～60 日龄这个阶段称为中雏，亦称育成鸭阶段。30 日龄时结合转舍或分群选留后备种鸭后，其余雏鸭全部转入育肥鸭进行育肥（见彩图 8）。育肥鸭的饲养管理要求是保证其营养供应，充分发挥此期生长发育快的优势，使之体壮个大，尽快上市。

一、育肥鸭的特点

此期间鸭的羽毛已基本覆盖全身，抗寒能力增强，一般不需要额外再使用加热设备。此阶段鸭采食量最多，消化最快，生长增生也快，脂肪沉积多，绝对生长最快，肉的品质得以完善，是决定育肥鸭商品价值和养殖效益的重要阶段。因此，在饲养管理上要抓住这一特点，使育肥鸭迅速达到上市体重出售。

二、育肥鸭的饲养方式

"一段式"养殖的，只是去掉后加的小网眼网，将雏鸭进行分栏，降低饲养密度。"两段式"养殖的脱温后需从育雏舍转入育肥舍（从育雏舍转入育肥舍时的准备工作可参考育雏舍的准备工作进行）。

三、育肥鸭的饲养管理

转舍或分栏时宜抓鸭颈部，不宜抓脚部，轻拿轻放。转舍时盛放鸭的箱或笼底部要垫软垫料，装的密度要适中，途中要防颠簸、防剧烈摇动，行车速度要均匀，尽量减小应激。

1. 分开饲养

鸭运到育肥舍后要将育肥鸭按大小、强弱、性别分栏饲养，育肥鸭群不可太大，以每栏 70～100 只为宜。尤其对体重较小、生长缓慢的弱鸭应集中喂养并加强管理，使其生长发育能迅速赶上同龄强鸭，不至于延长饲养日龄，影响出栏。

研究证明，北京鸭的公母鸭体重差异不显著，60 日龄公母鸭体重间的差异不至于影响出栏均匀度，所以是否采取公母鸭分开饲养对其生产性能影响不大。但是对番鸭和樱桃谷鸭等肉鸭品种来说，出栏时的公母鸭体重差异较大，尤其是番鸭公母鸭的体重相差十分悬殊，公母鸭混合饲养不仅不利于母鸭的正常生长，而且出栏不能同期，影响晚出栏鸭子的体重和饲料转化率。因此对番鸭和樱桃谷鸭等肉鸭品种开始育肥后每周至少称重一次，称重比例不少于10%，称重要定点、定时、定人。称重后准确计算出每栏、每栋、全群的平均体重和体重均匀度；计算体重均匀度，要以标准体重和实际平均体重5%分别计算，据此对鸭群的体重和均匀度做出正确的评估。根据称重结果，仔细核定出下一星期的料量。

2. 更换饲料

“公司+农户”养殖的要更换为“549”料或“549L”料。专业户饲养模式要更换为育肥料。

无论采用何种饲料，更换饲料开始前的3天，将雏鸭料逐渐调换成育肥鸭料，使鸭子慢慢适应新的饲料。更换饲料时饲料转换要逐渐过渡，第1天用2/3的雏鸭料和1/3的育肥鸭料混匀后饲喂，第2天各用一半混匀饲喂，第3天则用1/3的雏鸭料和2/3的育肥鸭料混匀饲喂，第4天全部用育肥鸭料。

3. 调整饲养密度

育肥鸭生长发育快，需注意其饲养密度的调整，使其适合育成鸭的生长需要。如果密度过大，育肥鸭互相挤压，甚至相互啄毛，影响其正常生长发育，所以需及时扩大饲养面积，减少密度。通常舍内网养饲养每平方米为6～8只。育肥鸭性情好动，爱抢食，在大群饲养时，往往强者采食多，生长快，弱者采食少，生长慢，差异逐渐增大。应及时将弱鸭挑出另养，否则其采食饮水不能满足需要，易被挤压、践踏，以致到育肥鸭出栏时残次鸭数量增多，影响到经济效益。

4. 饲喂方式

鸭的饲料形态主要有3种形式，即粉料、湿拌料和颗粒料。在育肥鸭的饲喂过程中，有不少地区习惯于饲喂湿拌料。饲喂湿拌料育肥鸭采食快、消化快，一次性采食饲料量少，需要多次喂料，而且鸭子边吃边甩、边拉粪，浪费饲料严重。鸭子对粉料的浪费更严重，而且不利于其对饲料的采食。

饲喂颗粒饲料已为广大养鸭场所接受，育肥鸭饲料颗粒的大小一般为3～4毫米，这样育肥鸭一次可以采食较多的饲料，既卫生又较少浪费饲料。

网上育肥鸭采取自由采食和自由饮水制，即全天24小时保持供应饲料和饮水，并经常保持饲料和饮水的清洁卫生。育肥鸭应供给颗粒较粗和营养水平稍低的育肥鸭料，以方便采食，减少饲料损耗和营养浪费。饲料摆放的高度应同鸭背持平。

鸭在吃食时有饮水洗嘴的习惯，且喜欢溅水理毛，所以需水量大，而且水易弄脏，因此，需适当增加饮水器数量，水要常换，保持新鲜清洁。采用自动饮水器的，要经常注意检查其供水情况，适时修理和更换损坏的饮水器。水位高度应同鸭背持平，既方便鸭饮水，又不使饲料随水从鸭口中流出。为满足其生理机能的需要，应在育肥鸭的饲料内加入一定比例的沙粒，这样不仅能提高饲料转化率，节约粮食，而且能增强消化机能，有助于提高鸭的体质和抗逆能力。

育肥鸭采食和饮水时，采食间隔距离每只不少于10厘米，饮水间隔距离每只不少于1.5厘米。饲料桶和饮水器应均匀分布，以防抢食和生长不均匀。

5. 通风

网上饲养时要注意通风，保持舍内空气新鲜，氧气充足。若舍内通风不良，空气污浊，氧气不足，则鸭体新陈代谢障碍，生长发育受到影响；而且污浊的空气刺激鸭的眼、鼻、肺等，严重危害健康，甚至给疫病传染创造条件，所以舍内通风是很重要的。

6. 防暑降温

育肥鸭对温度的要求，一般以保持室温在20℃左右为宜，过高的温度则不利于鸭的生长发育。在炎热的天气下，应多设置水盆，让鸭溅水洗身；装备风扇，用动力加强通风散热；直接向鸭身或舍顶喷水，防止鸭中暑，其中风扇通风结合水雾喷洒的方法作用很大。

7. 稳定作息制度

舍内网上养鸭的生活环境比较稳定，要根据鸭子的生活习性定时作息，制定操作规程。形成作息制度后，尽量保持稳定，不要经常变更。

8. 防止啄羽

如果鸭群的密度太大，通风不好，或者饲料营养不全面，都会引起鸭互相啄羽。啄羽使鸭的羽毛被动脱落，影响屠体的外观，严重时容易使鸭受伤出血，甚至胃肠内脏被啄出而致死。鸭是不断喙的，所以须在饲养管理上下功夫，使其密度适中，地面和垫料保持干燥，舍内通风良好，饲料营养全面等。

9. 搞好疫病防治

鸭网上密集化旱养群大集中、疫病防治是成功的关键，因此疾病防治必须以“预防为主，防重于治，治疗为辅”的总原则，因此，网床上的粪便，每天清除 1 次，网下的粪便每天清除 1 次。饲养工具也要常洗，保持清洁干净。执行严格的卫生防疫制度和预防接种制度，做好经常性的灭蚊、灭鼠和防兽害等工作，保持环境优良、安静。育肥鸭进舍后 5 日龄颈部皮下或胸部肌内注射 1 毫升重组禽流感病毒灭活疫苗(H5N1 型)用于预防禽流感。常在饲料中加 0.5%～1%的磺胺二甲嘧啶喂 3～5 天，停 10 天后再喂，在饮水中加 0.02%高锰酸钾溶液饮服。发现鸭有异常反应要及时隔离诊治，严格消毒。

10. 预防发生腿病

育肥鸭身体肥胖，体重增加快，而腿部发育跟不上，极易发生腿病，须小心预防。除饲料中钙、磷及其他微量元素需足够外，在管理上也应小心仔细，尽量不惊扰鸭群，对久卧不起的鸭应适时轻轻轰赶，使其行走，以免腿部和其他部位淤血或瘫软，胸腹部出现挫伤等。

11. 改善育肥鸭胴体品质

(1)除去胴体异味：在鸭育肥后期尽量少用对胴体产生不良影响的原料，如鱼粉、大豆、米糠、饼粕等。鱼粉含量应控制在 3%以内，鱼粉含量过多，育肥鸭生长速度较快，但育肥鸭体脂高，且育肥鸭胴体很可能有鱼腥味。另外，在饲养后期应慎用一些抗生素及化学添加剂，为除去育肥鸭胴体异味，可在饲喂中添加一些中草药香味饲料，减少胴体粪臭素含量。

(2)减少胴体红斑、次斑、皮下溃疡、破皮等：胴体红斑、次斑、皮下溃疡、破皮等都影响育肥鸭的分等分级和销售价格，因此在育肥鸭饲养时应注意以下事项：

①饲养密度不可过大。过大容易引起肉鸭惊群，相互拥挤、碰伤，造成鸭体损伤。

②在出栏育肥鸭时，严禁用脚踢和用硬器赶及用手摔，以免造成鸭体伤痕。

③装卸时，一只手只能抓一只鸭子，同时注意要轻抓轻放，以防鸭体受伤。

(3)控制胴体药物残留：出栏前 7 天左右，应按药物使用规定，停喂一切药物。

四、育肥鸭出栏

出栏时间应根据育肥鸭的生长状况及市场价格选择合适的日龄，对提高育肥鸭饲养的经济效益有较大的意义。

(一)育肥鸭的出栏

育肥鸭出栏采用全进全出制，就是在同一栋鸭舍同一时间只饲养同一日龄的育肥鸭，全部雏鸭在同一天开食，同一天出场。

1. 出栏时间的确定

大型肉鸭的生长发育较快，4 周龄时体重即可达 1.75 千克左右。4～5 周龄时，饲料报酬较高，个体又不太大，肉脂率也较低，适合市场的需要，但胸肉较少，鸭体含水率较高，瘦肉率较低。7 周龄时肌肉丰满，饲料转化率也高，若再继续饲养，则育肥鸭偏重，绝对增重开始下降，饲料转化率降低。所以，育肥鸭如果不是以分割肉出售的情况下以 7 周龄、体重 2.5 千克左右出栏最为理想；如以分割肉出售，则以 8 周龄、胸肌达到丰满时出栏为佳。出栏日龄的选择要根据市场的需求来定，但考虑到肉鸭日龄与饲料转化率的关系，必须在其 8 周龄前出栏才划算。

2. 抓鸭

(1)抓鸭前 4～6 小时停止饲喂，但不能停止供水。

(2)抓鸭时尽量减少光照强度。

(3)抓鸭前将所有的饲喂设备升高或移走，避免捕捉过程中损伤鸭体或损坏设备。

(4)抓鸭时尽量保持安静，以免鸭群惊动造成挤压。

(5)抓鸭时抓鸭的颈部，一手一只。

(6)炎热季节一般选择凌晨或晚间装笼运输，天气寒冷时在前顶部覆盖帆布，四周不要包裹。

3. 运输

育肥鸭行动迟缓，皮肉很嫩，容易损伤。装笼时应视季节气候来确定每一笼装入的活鸭只数，一般冬季可多装些，炎热夏季少装些，以防止闷热造成死鸭。夏天运输要在早晚进行，中途严禁长时间停留，运输的车辆要敞开车篷。车厢内要留有间隙通风散热，以免鸭被暑热闷死。到目的地后，立即卸车，休息片刻后再给鸭群供水。

(二)出舍后的消毒

无论是“两段式”养殖的雏鸭舍，还是“一段式”养殖的鸭舍，鸭只出舍后必须及时移出鸭舍内料桶、饮水器等用具，喷雾后彻底清除鸭粪及各种垃圾，空出鸭舍并清扫鸭舍周围的环境，做到无鸭粪、无垃圾，以确保上一批商品鸭不对下一批商品鸭造成健康和生产性能上的影响，并保证足够的空舍时间。

1. 清理鸭舍

所有可移动的设备和设施，如饮水器、料槽、料桶、供暖设备、各项工具等，应从鸭舍内移出，同时将鸭舍剩余药品回收入库后，进行熏蒸消毒。

拆走或防护好温控器、温度计、电压调节器、风机、电机、刮粪机电机、电灯泡、加药器、喷雾管喷头、配电盘等不宜或不能冲洗消毒的物品，由专人进行除尘维护保养、冲刷防护以及熏蒸消毒等，并放入指定的库房隔离保管。

2. 鸭舍、设备灰尘、粪便的清理

所有的灰尘、碎屑和蜘蛛网必须从鸭舍内各处用扫帚扫掉。

清除鸭舍内所有的粪便、碎屑、料槽内的剩料等，移出到粪场并要防护好，以免污染场区；每清完一栋鸭舍都要安排人员铲刮养殖网上、鸭舍边角以及其他表面所积累的粪便，并将该栋残留的鸭粪认真清扫干净。

3. 清洗鸭舍

必须首先断开鸭舍内所有电器设备的开关，浸泡残留在鸭舍和设备上的灰尘和碎屑，浸泡好后使用高压水枪冲刷，在冲刷过程中，应迅速把鸭舍内剩余的水排净。应特别注意鸭舍内屋梁的顶部、墙壁、粪池内外侧墙壁、粪池地面、板条、供暖设备、下水道及口、风机框、百叶窗、风机轴、风机扇叶、各种支架、水管、喷雾管的冲刷。

移到鸭舍外的部分设备也必须浸泡和冲刷，无法进行的可擦拭消毒，在设备冲刷干净后，设备尽可能在有遮盖物的条件下储存。

鸭舍外面也必须冲刷干净并注意进气口、暖风机房、工作间、饲料间、排水沟、水泥路面等部分的冲刷。

场区粪场的冲刷标准必须和鸭舍的一样。凡在场区的所有附属设施，如办公室、餐厅、伙房、宿舍、洗衣房、浴室、厕所、蛋库、料库、锅炉房、车棚、熏蒸间、熏蒸箱等，都要彻底冲刷干净，同时，还应将各个地方的地漏、沉淀池等清理干净。

鸭舍清理、冲刷的质量直接影响消毒质量，检查人员应仔细、全面的观察，不能放掉任何一个细节、任何一个疑点。

4. 检修工作

维修鸭舍设备、修补网床、检修电路和供热设备。设备至少能保证再养一批鸭，否则应予以更换，损坏的灯泡全部换好。

5. 治理环境

清除舍外排水沟杂物；清除鸭舍四周杂草；做到排水畅通，不影响通风。修理道路和清扫厂区，做到无鸭粪、羽毛、垃圾。

6. 鸭舍准备消毒

把设备和用具搬进鸭舍，关闭门窗和通风孔。要求做到封闭严密不漏风，并准备好消毒设备及药物。

7. 鸭舍消毒

喷洒消毒，消毒后 10 小时后通风，通风后 3～4 小时后关闭门窗。鸭舍所有表面、顶棚、墙壁、网床选用高效、无腐蚀性的消毒药，按说明书比例配置后进行消毒。地面选用 3%热火碱水喷洒或撒生石灰。

8. 安装调试

安装并调试因冲洗需要而拆卸的设备和其他短时间使用设备，如温控器、电压调节器、风机、电机、电灯泡、加药器、育雏伞等。仔细观察各种设备是否已完成维护、保养并进行彻底消毒，安装是否正确，同时数目是否准确等。

9. 熏蒸消毒

按进雏前准备工作中鸭舍的清理与消毒方法重新清理消毒，该批鸭出栏至下批鸭进鸭间隔时间不少于 14 天。

第三节 后备种鸭的饲养管理

后备种鸭是指 30 日龄后第一次选出的种鸭。这一时期最重要的工作是限制饲喂、控制体重和控制光照，饲养管理方法要科学化，这跟育肥鸭有很大的不同。如果饲养管理不当，可导致成年种鸭生产性能低下，经济价值低，甚至失去种用价值。

一、后备种鸭的特点

30日龄后鸭已进入育成期，育成期鸭体各部分的生理功能还不协调，生殖器官逐渐发育成熟，但不完全。育成期羽毛已经丰满，抗寒能力均较强，对外界环境已有较强的适应、抵抗能力。因此，育成期应逐渐减少补饲日粮的饲喂量和补饲次数，并保持较低补饲日粮的蛋白质水平，有利于骨骼、羽毛和生殖器官的充分发育。

二、后备种鸭的管理

如果是首次养鸭，后备鸭可直接转入种鸭舍。如果是循环养鸭，因种鸭舍有成年种鸭，此时后备种鸭则需转入后备鸭舍，转舍前的准备工作请参照育雏舍的准备工作进行。

1. 温度

后备种鸭舍一般不需加温，但在寒冷季节，如自然温度与育雏末期的室温相差太大(一般超过3～5℃)会引起感冒或其他疾病，应在开始几天适当增温。

2. 饲养密度

后备鸭的饲养密度要小于育肥鸭，15周龄之前，每平方米4～5只，15周龄之后，每平方米养鸭不超过3只。群体的规模不易太大，一般以每栏300只左右为宜，最多不超过500只，如果群体过大，采食量不均匀，会影响群体的均匀度。

3. 光照控制

通常培育后备种鸭不用强照明，每天标准的光照时间应稳定在8～10小时，在开产前不宜增加。一般每30平方米安装1只15瓦的灯泡。

4. 通风

为了满足后备种鸭对氧气的需要和控制温度，创造最佳的小气候环境，排出氨、硫化氢、二氧化碳等有害气体和多余的水蒸气，必须搞好鸭舍通风换气。

5. 饲料和饮水

必须供应清洁、新鲜的饲料和饮水。后备种鸭饲料可用育成鸭料，颗粒要比雏鸭料粗，到后期，饲料颗粒同育肥鸭料一样粗；也有喂湿粉料的。任何转料过程都需有 3 天的过渡时间，不然对鸭的采食、消化功能影响大。

后备种鸭的采食间距每只应不小于 15 厘米，饮水间距每只不少于 2 厘米。除了采食和饮水间距足够外，饲料和饮水的分布应当均匀，使每只鸭的采食机会均等。饲料放置的高度应与鸭背持平，而饮水位置也应差不多高或稍高，使其能清洁鸭背，方便采食、饮水，又不浪费饲料和饮水，并尽可能使鸭舍保持干燥。

后备种鸭饮水多，所以需水量大，而且水易弄脏，因此，需适当增加饮水器数量，水要常换，保持新鲜清洁。采用自动饮水器的，要经常注意检查其供水情况，适时修理和更换损坏的饮水器。

6. 限饲

限饲是人为控制后备种鸭采食的方法。通过限饲可以控制后备种鸭的生长，防止体重超标，抑制性成熟，从而使种鸭在比较一致的时间开产。近年来限制饲养技术越来越广泛地应用于后备种鸭，而且取得了明显的效果，并且限制的标准体重有向较低发展的趋势。

(1)母鸭的限饲：一是限制进食量(量的限制)，可以采取多种方法，定量限饲、停喂结合，限制采食时间，一定时间停喂；二是限制日粮的营养水平(质的限制)，限制营养水平是降低日粮中粗蛋白和代谢能的含量，同时也要降低蛋白质和能量的比例，而日粮中其他微量元素还必须保证，这样才不会影响骨骼肌肉的发育。限饲后一般 7～14周龄鸭的日粮中粗蛋白质为 15%，15～20 周龄鸭的日粮中粗蛋白质为 12%。

(2)公鸭的限饲：限制饲喂初期，公鸭一般较瘦，但到育成后期如

18 周龄左右后，随着饲喂量的逐渐增加，公鸭的体重将逐渐增加，到母鸭开始产蛋时，公鸭的体重会达到品种标准。如果在限饲初期让公鸭超重，那么它们将在母鸭开始产蛋时超重，从而使蛋的受精率降低。在公母鸭混养时，会因公鸭强壮而抢食较多或行动不如母鸭那么轻便而采食较少，因而引起体重过重或过轻，这时必须迅速查明具体原因，采取措施加以纠正。例如，将体重过轻的公鸭挑出来另养，额外补加连续两次的隔天饲喂或隔一天喂两天的饲料，然后再与鸭群混养；而对体重过重的肥胖公鸭则挑出来减两次料量。此种方法只能在 10～20 周龄期间使用，而在其他阶段使用时容易出问题。

(3)限饲注意事项：限饲时要备有充足的饮水器、料桶，使每只鸭都有一个槽位，使鸭吃料同步化；每 1～2 周(一般隔周称重一次)，在固定的时间，随机抽出鸭群的 2%～5%进行空腹称重，如体重超过标准重的 1%，则在最近 3 周内总共减去实数 1%的饲料量。例如，育成鸭比标准体重低 100 克，则应在最近 3 周内总计增加 100 克的饲料量；体重低于标准重 1%则增料 1%；如遇鸭群发病或处于应激状态，应停止限饲改为自由采食；限饲从 8～12 周龄开始，至 17 周前结束；限饲过程中，饲料营养水平和喂料量应根据体重、发育情况进行调整；18 周龄时鸭群如达不到体重标准，对原为限饲的改为自由采食；原为自由采食的则提高蛋白质和代谢能的水平，以使鸭群开产时体重尽可能达到标准。

7. 防止传染病

保持鸭舍清洁，定期进行消毒，接种相关日龄的基础免疫疫苗，防止疾病发生。

8. 日常卫生

(1)每天刷洗水槽、料槽。

(2)添料时要少加勤添，防止饲料霉变。

(3)后备鸭舍要定期带鸭喷雾消毒，周边环境也要定期喷雾消毒，但避开免疫时间。

(4)每天清理一次地面的鸭粪。

(5)后备鸭舍也要做好杀灭蚊蝇、灭鼠工作。

9. 培养鸭的胆量

鸭的胆子小,应利用喂料、喂水等机会多与鸭群接触,有意识培养后备鸭的胆量,以免生人走近或环境改变时,引起惊群。

第二次公鸭选择应在母鸭开始产蛋前2～4周进行,再次将种鸭群中公鸭的数量减少,选择标准和方法同第一次。

10. 种鸭选留

母鸭开始产蛋前2～4周要第二次选留种鸭,使种鸭群中每100只母鸭配16～18只公鸭。

(1)健康状况良好:健康的种鸭羽毛,绒毛生长整齐洁净;眼亮有神,眼睛、肛门附近没有分泌物污染,颈项伸缩自如,腿脚干净;行动灵活,步态稳健。

(2)外貌体态符合品种特征:种公鸭要求头颈粗短,身躯呈长方形,腰背平而宽,胸部宽厚,脚掌有力,体重符合相应日龄的标准;种母鸭躯体比公鸭稍短而宽,头颈稍小,体重符合相应日龄的标准。

11. 记好相关记录

要详细记录好后备种鸭的只数、雌雄比例、饲喂量、体重、死亡淘汰数等。

第四节 种鸭的饲养管理

后备种鸭长到20周龄以后即为成年种鸭,成年种鸭的价值在于其生产性能的高低,种鸭的生产性能主要包括母鸭产蛋量和产蛋质量、种蛋受精率、种蛋孵化率及雏鸭强健情况等。正确的饲养管理能使种鸭充分发挥其遗传潜力,获得最佳的生产性能,其重要性不可忽视。

一、种鸭饲养方式

若是循环养鸭，种鸭在开始产蛋前至少 2 周(22 周龄)，应从后备鸭舍转至种鸭舍的网床上，使种鸭有一个适应新环境及其管理规程的过程，并且由限制饲喂逐渐转为自由采食。

种鸭的饲料一般为颗粒饲料，如果没有颗粒饲料而饲喂粉料，建议把粉料潮拌后饲喂。

二、种鸭的饲养管理

(一)种母鸭的饲养管理

1. 产蛋前期

(1)饲养密度：网上成年种鸭的饲养密度小于后备种鸭，一般每平方米 2～3 只，一般每群以 240 只为宜，其中公鸭 40 只、母鸭 200 只。

(2)增加光照：光照对种鸭的作用不仅仅是增加采食时间和熟悉周围环境，更重要的是让种鸭适时性成熟，并维持正常的产蛋和排卵。

①光照制度：网上养种鸭，从 140 日龄开始补光。一般实行早、晚两次补光，早晨固定在 6 时开始补到天亮，傍晚 6 点半开始补到 10 时，全天光照为 16 小时，产蛋 2～3 个月后，将每日光照时间调整为 17 小时，早晨补光从 5 时开始，傍晚不变，补光的同时补料，补光一经固定下来，就不要轻易改变，直至产蛋期结束。

②光照强度：光照强度太大浪费电，容易引起鸭群惊恐；光照强度低，起不到刺激作用，不能维持正常的排卵和产蛋。种鸭舍内光照强度以每平方米 5 瓦即可，灯泡悬吊高度离网面 2.2～2.5 米。灯泡之间的距离为灯泡距地面距离的 1.2～1.5 倍。

为了使鸭舍内的照度均匀，通常采用小功率多灯泡的方法，灯泡的功率以 25～40 瓦为宜。在选用光源上，现在有节能灯，其发光效率比白炽灯泡高1倍以上,使用寿命是白炽灯的5～10倍,虽然价格稍贵一些,总体上还是经济。

(3)准备产蛋箱:种鸭到140日龄开始,根据实有母鸭数配备产蛋箱,通常每3～4只配一个产蛋箱。产蛋箱可用纸箱、塑料箱并排放在围网除过道面的其他三面(距离饮水器1米以上)。

(4)喂沙:像后备种鸭一样,要给种鸭提供不溶性的、颗粒适中的沙砾,使鸭的消化功能加强。这些沙砾应装在单独的盆或槽中,供鸭任意采食。

2.产蛋期

从151日龄起,产蛋率稳步上升,在300日龄时,产蛋率可达到85%左右,维持80%以上产蛋率2～3个月后,产蛋率缓慢下降。把150～300日龄这一阶段称为蛋鸭主产期。主产期内种蛋大小适中,受精率和孵化率较高,用于孵化雏鸭容易成活。

(1)鸭群的日常观察:观察鸭群是产蛋鸭日常管理中最经常、最重要的工作之一。只有及时掌握鸭群的健康及产蛋情况,才能及时准确地发现问题,并采取改进措施,保证鸭群健康和高产。

①观察鸭群精神状态、粪便、羽毛、冠髯、脚爪和呼吸等方面有无异常。若发现异常情况应及时查明原因,有病鸭应及时隔离或淘汰。观察鸭群可在早晚开关灯、饮喂、拣蛋时进行。夜间闭灯后倾听鸭只有无呼吸异常声音,如呼噜、咳嗽、喷嚏等。

②喂料给水时,要注意观察料桶、饮水器的结构和数量是否适应鸭的采食和饮水需要。注意每天是否有剩料余水、单只鸭的少食、频食或食欲废绝和恃强凌弱而弱食者吃不上等现象发生,以及饲料是否存在质量问题。

③观察舍温的变化,通风、供水、供料和光照系统等有无异常,发现问题及时解决。

④观察有无啄肛、啄蛋、啄羽鸭,一旦发现,要把啄鸭和被啄鸭挑出隔离,分析原因找出对策。对严重啄蛋的鸭要立即淘汰。

(2)更换饲料:当产蛋率上升到50%以后,要将饲料更换成产蛋期饲料,要求粗蛋白质达到18.5%。为了提高种蛋的受精率和孵化率,选择优质的饲料原料,如鱼粉、豆粕,减少菜籽粕、棉籽粕等杂粕的用量,增加多种维生素添加量。

(3)补钙:当饲料中的钙、磷满足不了产蛋生产需要时,必须供给鸭群可溶性的钙磷剂,如贝壳粉、磷酸氢钙粉、石粉等,颗粒应稍粗,使鸭不致采食太多,而供其慢慢消化吸收利用。在鸭产蛋高峰期或饲料粗劣时,尤应特别注意。

(4)蛋的收集、处理、贮藏和运输:母鸭产蛋多在后半夜,夏季稍早,在凌晨0~2点钟;冬季稍晚,在2~4点钟。如饲养管理得好,产蛋会比较集中。产出的鸭蛋应尽快收集,一般在早上7时收集第一次,然后在早上8时半进行第二次收集。如果饲喂和光照等管理措施实施得当的话,鸭将在早上7时以前全部产蛋完毕。落地蛋是指那些产在箱外网面上的蛋,除非很清洁,一般不用来孵化。

(5)适当淘汰低产鸭:在养殖种鸭的过程中,及时识别高产鸭和低产鸭,以便对低产鸭进行及时淘汰。识别高、低产鸭可采用“五看”、“四摸”的方法。

“五看” 一看头:鸭头稍小,似水蛇头,嘴长,颈细,眼大凸出且有神,显得光亮机灵的为高产鸭;鸭头偏大,眼小无神,颈项粗,短的为低产鸭。二看背:鸭背较宽,胸部阔深的为高产鸭;鸭背较窄的为低产鸭。三看躯:体躯深、长、宽的为高产鸭;体躯短、窄的为低产鸭。四看羽:鸭羽紧密、细致,富有弹性,麻鸭花纹细的为高产鸭;羽毛松软,无光泽,麻鸭粗花大纹的为低产鸭。五看脚:用手提鸭颈,若两脚向下伸,且不动弹,各趾展开的为高产鸭;若双脚屈起或不停动弹,各趾靠拢的为低产鸭。

“四摸” 一摸耻骨:产蛋期的高产鸭,耻骨间距宽,可容得下3~4指;而低产鸭,耻骨间距窄,只能容得下2~2.5指。二摸腹部:高产鸭腹部大且柔软,臀部丰满下垂,体型结构匀称;而低产鸭腹小且硬,臀部不丰满。三摸皮肤:高产鸭皮肤柔软,富有弹性,皮下脂肪少,而低产鸭皮肤粗糙,无弹性,皮下脂肪多。四摸肛门:高产期的高产鸭,泄殖腔大,呈半开状态;而低产鸭泄殖腔紧小,呈收缩状,有皱纹,比较干燥。

通过对蛋鸭的"五看"、"四摸",一般都能将高产和低产鸭区别开来。这样,就能准确地确定是继续饲养还是淘汰以节约饲料,提高产蛋率,增加收益。

(6)做好产蛋记录,搞好卫生防疫工作:在产蛋期间对每栏鸭的产蛋、耗料和死亡情况进行详细的记录,并按周、月、年进行统计。为了确保种鸭安全度过产蛋期,避免发生疫病,除了做好各种疫苗的免疫注射之外,还要搞好鸭舍内外及周围环境的消毒卫生,及时清除粪便和更换垫草。免疫注射一般要在种鸭产蛋前完成,减少或避免接种疫苗对产蛋的影响。

3. 产蛋后期

种母鸭经过8个多月的连续产蛋,到了后期产蛋高峰就难以保持,如饲养管理得当,仍可维持80%左右的产蛋率。要达到这样的水平,就要认真做好后期的饲养管理工作,稍不谨慎,产蛋就要减少,并换毛。

(1)根据鸭子体重和产蛋率确定饲料的质量和喂料量:如鸭群的产蛋率仍在80%以上,而鸭子的体重却略有减轻的趋势时,可在饲料中适当增喂动物性饲料(如黄粉虫、蚯蚓等);如鸭子体重增加,身体有发胖的趋势时,但产蛋率还有80%左右,这时可适当增喂粗饲料和青饲料,或者控制采食量。但动物性蛋白质饲料还应保持原量或略增加;如体重正常,产蛋率也较高,饲料中的蛋白质水平应比上阶段略有增加;如产蛋已降到60%左右,已难以上升,无需加料,准备淘汰或强制换羽。

(2)保持光照:每天保持16小时的光照时间,不能减少。如产蛋率已降至60%时,可以增加光照时数直至淘汰为止。

(3)加强消毒:到了产蛋后期,鸭舍的有害微生物数量大大增加。因此,更要做好粪便清理和日常消毒工作。

(4)强制换羽:自然换羽需 4 个月左右的时间,换羽期间产蛋率很低,甚至不产蛋,蛋小,品质不良,受精率低,换羽不一致,换羽后再次产蛋参差不齐。为了使鸭群在秋季能尽早恢复产蛋,缩短休产期,常采用人工强制换羽的方法。人工强制换羽只需要 2 个月左右的时间,换羽一致,换羽后产蛋整齐,蛋的品质好,受精率高,能再次达到较高的产蛋高峰。第二个产蛋年的产蛋率要比第一年低,蛋重会明显增加,而经人工强制换羽后,能适当提高产蛋率。

①强制换羽的适宜时期:种鸭强制换羽的适宜时期,一方面考虑种鸭的年龄。一般在种鸭产蛋 40 周后开始进行强制换羽。另一方面要考虑对雏鸭的需求,强制换羽的种鸭尽量赶在雏鸭供应的旺季产蛋,能够增加换羽的经济效益。一般每年的 2～8 月是全年孵化的旺季,又是种鸭的产蛋盛期,不要对种鸭进行强制换羽,以免影响种蛋的供应。秋末冬初日照逐渐减少,种鸭开始缓慢地进行自然换羽,种鸭群的产蛋率降低,有些换羽种鸭要停产长达 3～4 个月,这时种蛋供应也不紧张。此时对产蛋接近 40 周的种鸭实行强制换羽,休产期可以缩短到 2 个月左右,重新开产后正赶上来年的开春,为春季孵化提供优质的种蛋。秋末冬初实行强制换羽,还有利于换羽措施的实施,例如减少光照等。由于新羽的长出,可以提高种鸭越冬的抗寒能力,降低饲养成本。但是如果出现前面已有的问题,也可以不考虑季节进行强制换羽,只要能达到增加经济效益的目的即可。

②强制换羽的方法和步骤

Ⅰ.换羽前的准备:换羽前首先清点欲换羽的种鸭数量,同时称量公鸭和母鸭的体重,然后将体重合适的种鸭转移到另一干净、经过消毒鸭舍的网床上,体重太小和体重太大的淘汰掉,不进行强制换羽。体重太小的种鸭在限饲的过程中经受不住饥饿而容易死亡,体重太大的种鸭限饲的效果可能不理想。

Ⅱ.给予强烈的应激，打乱种鸭的生活习惯：种鸭进入新鸭舍后，立即有意识地驱赶鸭群在舍内转圈跑动，令其受到惊恐不安的强烈刺激，产生应激。除了去掉人工补充光照外，鸭舍的门窗要用黑色的编织袋或其他物品遮挡，舍内一片黑暗。

Ⅲ.停水停料：在停光的同时，鸭群立即停水停料，时间一般为3～4天，到第4天发现少量种鸭出现支持不住的症状时，开始供应饮水，但继续停料，此后一段时间只供水不供料。

Ⅳ.拔羽：强制换羽开始第10天左右，可见种鸭精神委靡，喙和脚蹼的颜色由橘黄色变为浅黄色或灰白色，此时试拔几根主翼羽，若拔时顺利又不费力气，羽髓干白不带血，说明已到拔羽的适当时间，可以进行拔羽。如果大羽毛拔不下来，或要用大劲才能拔下，而且羽髓带血，则应推后几天再拔。

拔羽的方法是先拔主翼羽，后拔覆翼羽，最后拔尾羽，公鸭连性羽一起拔掉。公鸭的性羽有4根，即使不拔，也会慢慢自然脱换，不会影响换羽效果。天气炎热的季节可再拔些胸、腹及背部等处的羽毛，冬天为了保温，一般不拔体躯上的羽毛，让其自然脱落换羽。

种鸭拔羽后，需要立即将鸭舍清扫干净，拆除遮挡光线的编织袋等物品，打开窗户进行通风换气，冬季换气后再关闭窗户，以加强保温。夏季可开一些窗户，尽量为拔羽后的种鸭创造舒适良好的环境。在拔羽后的5天内，勿使种鸭受寒也勿暴晒，以保护毛囊组织恢复再生机能。

Ⅴ.重新给料：换羽种鸭重新给料一方面根据气候情况，冬天停料时间可短些，一般在停料10天后开始给料；夏天停料时间可稍长一些，有时可长达13～15天，供水时间提前到第3～4天。另一方面是根据体重的减少情况，通常当种鸭体重降至换羽前体重的75%～80%时，就不应再继续停料，否则会延长恢复期，甚至引起较多的死亡。此时即使羽毛还拔得有困难，也要适当补给少量的饲料，以维持体重，不能使体重再继续下降，这时提供的饲料主要是糠麸类饲料。

此外，还要加强停水停料期间鸭群动态、精神状况的观察，控制死亡率在3%以内。

拔羽后当天，马上喂给糠麸等饲料，每只50克，同时加入维生素和微量元素预混剂。此时的鸭体相当虚弱，体内维生素和微量元素极度缺乏，一般按产蛋母鸭正常需要量的1倍添加。

第2天饲料增至75克，第3天增至100克。第4天改喂50克糠麸料和50克全价料，全价料粗蛋白含量一般14%～15%，总日粮数仍为100克。到第6天过渡成100克全价料，第8天改喂粗蛋白含量15.5%～16%的日粮。以后饲喂量逐渐增加，第10天110克，第12天120克，第14天140克，第3周150克，第5周后改用粗蛋白含量17.2%以上的产蛋鸭料。

Ⅵ.光照：换羽期间停止补充人工光照，为防止鸭子过分激动，自然光照的强度也要减弱，鸭舍用黑色物体遮光。恢复给料后撤去遮光物体，采用自然光照。如果在自然光照较长的季节实行强制换羽，恢复给料后也不能马上恢复完全自然光照，要比自然光照短，一般不超过10小时。从实行强制换羽的第49天起，每周延长光照15分钟，直到光照时间达到16小时。

Ⅶ.注意事项：种鸭强制换羽和恢复期间，每周应称重一次，其中停料的第7天开始最好每天称重，以确定体重下降是否适宜，决定是否开始给料。根据称重情况，适当调节饲喂量。在换羽后的2周内，每天喂料1次，尤其在早期喂给量少的情况下更应如此，其目的是防止那些体弱的种鸭每次都采食不足，而强者每次采食过量，造成恢复期体重差异悬殊。如果不注意，体重小、体质弱的种鸭可能因长期营养不良而死亡。

另外，需要注意的是种鸭拔毛后的5天内，要避免受寒或暴晒，并逐渐延长在户外的活动时间，以促进新陈代谢，加速体力的恢复。拔毛后的第12天左右，新长出来的主翼羽已有1～2厘米长，对毛囊孔已有保护作用，应令其下水洗浴，以增强体质。

③强制换羽的效果：种鸭经强制换羽后，重新产蛋。第二产蛋期的产蛋率一般低于第一产蛋期，利用时间也短于第一产蛋期，一般不超过5个月。第二产蛋期的生产水平一方面决定于换羽是否彻底、集中，另一方面和种鸭培育期的饲养制度有关。育成期采用限饲的方法比不限饲的种鸭换羽后的生产性能高。

(5)经产种鸭选择：所谓经产种鸭是指具有1～2年以上生产记录的种鸭。产蛋结束后，根据母鸭的开产期、产蛋性能、蛋重、受精率和就巢情况选留。有个体记录的还可以根据后代生产性能和成活率、生长速度、毛色分离等情况进行鉴定选留。

(6)种母鸭的淘汰：蛋用种母鸭一般是每2～3年更换1次，肉用种母鸭的利用年限应比蛋用鸭短，一般至1～2年予以淘汰。

(二)种公鸭的饲养与管理

种公鸭的管理要求基本同种母鸭，但对于种公鸭来说，更重要的目的是要获得尽可能多的受精率高的合格种蛋，为此还必须做好相应的管理工作。

1. 公鸭的选择

只要使种公鸭达到一定的条件，鸭群就会获得良好的受精率。然而，为了获得良好的受精率，就需要管理好鸭群，确保种公鸭在各个不同的年龄阶段获得正确的骨架发育、睾丸发育和均匀度，确保控制好种公鸭的饲喂、正确的公母比例以及种公鸭适宜的肥胖程度。

鸭只一生中最初的72小时尤为重要，这不仅能确定其抵御疾病侵袭的能力、心血管系统的发育和全身羽毛的生长状况，而且更为重要的是，最初的阶段决定着鸭只骨架的发育。只有育雏育成期种公鸭得到良好的骨架发育，它们才能在整个产蛋期进行有效地交配。

要使雏鸭获得良好的开端，应确保在前14日龄内使用商品代鸭的育雏料(无球虫药)。14日龄后影响鸭群均匀度的最大因素是种公鸭能否获得和吃掉其生长所需的料量。种公鸭的均匀度十分关键，要保持良好的均匀度，饲喂系统必须能够在同一时间为所有的公鸭提供准确的料量。要密切观察鸭只行为，特别是确保供料均匀，确保鸭群均匀地生长。种公鸭的均匀度从 35 日龄开始应一直保持在 80％～85％，从而在混群和交配时，鸭只的性成熟基本相同。

到 60 日龄时，鸭只 85％的骨架发育基本结束。因而此阶段一定要达到、甚至要超过早期的体重标准，这一点至关重要。否则，种公鸭已成熟的体形要比最佳理想的体形小，会限制其交配的成功率。

在 70 日龄时进行一次选种工作，将眼、腿有残疾的、精神不振的公鸭淘汰。在 80 日龄对种公鸭进行选择时首先要进行体形外貌的选择，留下体壮、羽毛发育良好、声音洪亮的公鸭，再对生殖器官发育情况和精液质量进行检查，确定其优劣。一只符合配种要求的种公鸭，其体形外貌应符合本品种特征，生殖器官发育正常，精液量 0.3 毫升以上，精子密度每毫升不低于 28 亿个，精子活力较强。

经上述检查，凡符合要求的公鸭放入种鸭群，进行配种，其他公鸭转入商品群。

2. 合群配种比例

在母鸭 90 日龄时，将公母鸭合群。为了获得较好的种蛋品质、种蛋受精率和高孵化率，就必须考虑合理的公母比例，公鸭太少，种蛋受精率低，公鸭太多，会出现打架现象，使母鸭不得安宁，影响产蛋率和种蛋质量，而且还浪费饲料。一般适宜的公与母的搭配比例是 1∶(5～8)。

3. 公鸭的采精训练

人工授精的公母鸭在产蛋前应分开饲养，如已经产蛋的鸭群应在试验前 15～20 天将公母鸭分开，公鸭选用个体粗壮，性欲强的进行单笼饲养，隔离 1 周即开始采精训练，每周 2～3 次，采精前将公鸭泄殖腔周围的羽毛剪干净，采精时找一只试情母鸭，用手按其头背部，母鸭会自动蹲伏者即可，将公鸭和母鸭放在采精台上，当公鸭用嘴咬住母鸭头颈部，频频摇摆尾羽，同时阴茎基部的大小淋巴体开始外露于肛门外时，采精者将集精杯靠进公鸭的泄殖腔，阴茎翻出，精液射到集精杯内。性成熟时公鸭经训练能建立性条件反射，因此在性成熟时要及时对公鸭训练采精，同时按公母比例留足配种公鸭数。公鸭一般一个星期采精5天，1天1次。

公鸭采精通常需要经过一段时间的训练，有经验的采精员训练2～3次就可采出优质的精液，有时可能要经过十几次的训练。

4. 影响鸭配种性能的主要原因

影响鸭的配种性能的因素很多，如配种年龄、公母比例、季节、饲养条件等。

(1)鸭适宜配种年龄：鸭配种年龄不宜过早，配种年龄过早，不仅对其本身的生长发育有不良影响，而且受精率低。一般肉用型公鸭性成熟较晚，初配年龄在6月龄以上为宜。

(2)季节因素：早春气候寒冷，鸭的性活动受影响，公鸭比例应适当提高2%左右(按母鸭数计)。

(3)公母合群时间因素：在繁殖季节到来之前，适当提早合群可提高母鸭的受精率。

(4)种鸭的年龄因素：一般1岁左右的种鸭性欲旺盛，配种能力强。因此，鸭群公鸭数量比例可适当减少。

5. 种公鸭的利用年限

肉用种公鸭一般为1～2年，但每年要有计划地更换新种鸭50%左右，淘汰的种鸭可作育肥鸭处理掉。

第六章 常见病治疗与预防

网上养鸭，虽然疫病较少，但病毒性疾病、细菌性疾病、营养性疾病、中毒性疾病等仍有发生。因此，同样要注意搞好防疫工作。

第一节 鸭病综合防治措施

传染病的流行需要有传染源、传播途径和易感动物三个环节，只要在生产实践中控制这三个环节，消灭或控制传染源的引入、切断传播途径、提高鸭的免疫力或使之变为不易感动物，就可以有效地控制传染病的发生。在生产实践中通常采用综合防治措施来控制疾病的发生。

一、日常预防措施

（一）选择无病原优良鸭种

预防鸭病，鸭种是根本，选择抗病力强、适应本地条件的优良鸭种是鸭业生产的基本保证。养殖户或饲养场应从种源可靠的无病鸭场引进种鸭、雏鸭或种蛋。因为有些传染病如鸭副伤寒等是从感染母鸭通过受精蛋或病原体污染的蛋壳传染给新孵出的后代，这些孵出的带菌雏或弱雏在不良环境污染等应激因素影响下，很容易发病或死亡。因此选择无病原的种鸭、雏鸭或种蛋是提高雏鸭成活率的重要因素。从外地或外场引进青年鸭作为种用时，必须先要了解当地的疫情，在确认无传染病和寄生虫病流行的健康鸭群引种，千万不能将发病场或发病群，或是刚刚病愈的鸭群引入。引进后的鸭需要隔离饲养,不能立即混入健康鸭群,隔离20天后,无任何异常方可入群。有条件的饲养场或养殖户最好坚持自繁自养。

(二)消毒

消毒是预防鸭病的一项重要措施,鸭场应具备必要的消毒设施和建立严格而切实可行的消毒制度,定期对鸭场、鸭舍的地面、土壤、粪便、污物以及用具等进行消毒,防止鸭病的蔓延。

1. 常用的消毒方法

鸭场的消毒通常采用以下方法。

(1)物理消毒法:清扫、洗刷、日晒、通风、干燥等是简单有效的物理消毒方法,而清扫、洗刷等机械性清除则是鸭场使用最普通的一种消毒法。通过对鸭舍的地面和饲养场地的粪便及饲料残渣等的清除和洗刷,就能使污染环境的大量病原体一同被清除掉而达到减少病原体对鸭群污染的机会。但机械性清除一般不能达到彻底消毒的目的,还必须配合其他的消毒方法。太阳是天然的消毒剂,太阳射出的紫外线对病原体具有较强的杀灭作用,一般病毒和非芽孢性病原在阳光的直射下几分钟至几小时可被杀死,所需的用具等使用前均要放在阳光下曝晒消毒。

通风亦具有消毒的意义,在通风不良的鸭舍,最易发生呼吸道传染病。通风虽不能杀死病原体,但可以在短期内使鸭舍内空气交换、减少病原体的数量。而火焰高温烧灼可以达到彻底消毒的目的,如患有鸭瘟、番鸭细小病毒病、雏鸭病毒性肝炎等传染病,其污染的粪便以及倒毙的尸体均可用火焰加以焚烧。

(2)生物热消毒法:生物热消毒也是鸭场常采用的一种方法。生物热消毒主要用于处理污染的粪便,将其运到远离鸭舍地方堆积,在堆积过程中利用微生物发酵产热,使其温度达70℃以上,经过一段时间(25~30天),就可以杀死病毒、病菌(芽孢除外)、寄生虫卵等病原体而达到消毒的目的,同时可以保持良好的肥效。

(3)化学消毒法:应用化学消毒剂进行消毒是鸭场使用最广泛的

一种方法。化学消毒剂的种类很多，如氢氧化钠（钾）、石灰乳、煤酚皂溶液、百毒杀、漂白粉、农福、过氧乙酸、甲醛、新洁尔灭等多种化学药品都可以作为化学消毒剂，而消毒的效果如何，则取决于消毒剂的种类、药液的浓度、作用的时间和病原体的抵抗力以及所处的环境和性质，因此在选择时，可根据消毒剂的作用特点，选用对该病原体杀灭力强、又不损害消毒的物体、毒性小、易溶于水、在消毒的环境中比较稳定以及价廉易得和使用方便的化学消毒剂。

①氢氧化钠（苛性钠）：俗称火碱，对细菌、病毒都有杀灭作用，常用2%～4%浓度的热溶液来消毒鸭舍、饲料槽、运输用具等，鸭舍的出入口可用其2%～3%的溶液消毒。

②生石灰（氧化钙）：一般加水配成10%～20%石灰乳液，涂刷鸭舍的墙壁，寒冷地区常撒在地面或鸭舍出入口作消毒用，石灰可自空气中吸收二氧化碳变成碳酸钙失去作用。所以，应现配现用。

③苯酚（石炭酸）：对细菌、真菌和病毒有杀灭作用。对芽孢无作用，常用2%～5%水溶液消毒污物和鸭舍环境，加入1%食盐可增强消毒作用。

④煤酚（甲酚）：毒性较苯酚小，但其杀菌作用则较苯酚大3倍，可是仍难以杀灭芽孢，常用的是50%煤酚皂溶液（俗称来苏儿），1%～2%溶液用于体表、手和器械的消毒，5%～6%溶液用于鸭舍或污物的消毒。

⑤复合酚（菌毒敌、农乐）：含酚41%～49%，醋酸22%～26%，为深红褐色黏稠液体，有臭味，为新型广谱高效消毒药，可杀灭细菌、真菌和病毒，对多种寄生虫卵也有杀灭作用，可用于鸭舍、用具、饲养场地和污物的消毒，常用浓度为0.35%～1%溶液，用药1次，药效可维持7天。同类产品有农福（复方煤焦油溶液），含煤焦油酸39%～43%、醋酸18.5%～20.5%、十二烷基苯磺酸23.5%～25.5%，为深褐色液体。鸭舍消毒用1∶(60～100)水溶液，器具、车辆消毒用1∶60水溶液浸泡。

⑥甲醛溶液(福尔马林):1%～3%浓度的福尔马林溶液可用来消毒鸭舍、用具和器械的喷雾和浸泡消毒。甲醛气体可消毒室内、空间和器具。熏蒸消毒前,为提高消毒质量,应先将鸭舍清洗干净,保持一定温度,温度不能低于15℃,相对湿度在60%～90%,如湿度不够可在地面洒水及向墙壁喷水,同时关好门窗,计算好鸭舍空间大小,每立方米用14毫升福尔马林,加等量水或加热熏蒸或加入7克高锰酸钾。先将高锰酸钾倒入大的搪瓷容器内(不宜使用铁器,因其易被腐蚀,也不能用玻璃容器,易炸裂),再加入所需的福尔马林溶液,迅速从室内退出,关好门窗,30分钟后再打开门窗。本品对皮肤、黏膜及呼吸道有刺激作用,消毒后要打开门窗,加强通风换气。福尔马林和高锰酸钾合用时要特别注意,千万不要把高锰酸钾倒入福尔马林溶液中去。

⑦新洁尔灭(溴苯烷胺)溶液:常用0.1%溶液消毒手(浸泡5分钟)、蛋壳、皮肤、手术器械和玻璃、搪瓷等器具(浸泡30分钟以上)。0.01%～0.05%溶液用于创伤黏膜(泄殖腔和输卵管脱出)和感染伤口的冲洗消毒。0.15%～0.2%水溶液用于鸭舍空间喷雾消毒。不宜与阴离子表面活性剂如肥皂、洗衣粉及过氧化物、碘、碘化钾等配合使用。浸泡消毒时,药液一旦浑浊需进行更换。

⑧过氧乙酸(过醋酸):常用0.04%～0.2%溶液用于饲养用具和饲养人员的手臂浸泡消毒。以0.5%的溶液用于鸭舍、食槽、墙壁通道和运输工具的喷洒消毒。鸭舍内可带鸭消毒,常用浓度为0.1%,每立方米15毫升。也可配成3%～5%的溶液,10～15毫升/立方米进行熏蒸消毒,熏蒸时相对湿度以60%～80%为宜。也可在饮水中按1升水加20%过氧乙酸1毫升,让鸭饮水,但最好在半小时内用完。本品对组织有刺激性和腐蚀性,对金属和橡胶制品也有腐蚀性,应注意保护。

⑨漂白粉(含氯石灰):按每立方米体积水中加入5～10克漂白粉,作饮水消毒,隔30分钟可供饮用。用1%～3%的现配溶液消毒

非金属用具(如食具、饲槽、饮水器等)。用10%～20%的现配溶液消毒鸭舍、粪池、车辆及排泄物。本品应现配现用,对金属及衣物有轻度腐蚀性,对组织(皮肤)有一定刺激性,应注意防护。

⑩高锰酸钾:0.05%～0.1%溶液(每升水加0.5～1克)用于鸭群饮水消毒,杀灭肠道病原微生物,预防传染病,也可作为创伤、黏膜的洗涤消毒。常以本品2%～5%的溶液浸泡或洗刷鸭污染的食槽、饮水器及消毒被污染的器具等。应现配现用,久贮易失效,禁与酒精、甘油、碘等混合。

⑪克辽林(臭药水):5%～10%作用于禽舍、墙壁、运动场、用具、排泄物及禽舍进、出口处消毒。

⑫菌毒敌:对预防某些病毒性传染病具有特效功能。鸭鹅舍常规消毒时按1∶300稀释,出现疫病时按1∶100稀释,用喷雾器喷洒。此药必须用热水配制才能保证消毒效果。

2. 消毒的先后顺序

鸭场消毒要先净道(运送饲料等的道路)、后污道(清粪车行驶的道路),先后备鸭场区、后种鸭场区、育肥鸭场区,各鸭舍内的消毒桶严禁混用。

3. 消毒频率

一般情况下,每周要进行不少于2次的全场和带鸭消毒;发病期间,坚持每天带鸭消毒。

4. 鸭场的消毒制度

鸭场尤其是有适度规模的育肥鸭场,在出入口处应设紫外线消毒间和消毒池。鸭场的工作人员和饲养人员在进入饲养区前,必须在消毒间更换工作衣、鞋、帽,穿戴整齐后进行紫外线消毒10分钟,再经消毒池进入饲养区内。各鸭舍门前出入口也应设消毒槽,门内放置消毒缸(盆)。饲养员在饲喂前,先将洗干净的双手放在盛有消毒液的消毒缸(盆)内浸泡消毒几分钟。

消毒池和消毒槽内的消毒液,常用2%烧碱水或20%石灰乳以及其他消毒剂配成的消毒液。而浸泡双手的消毒液通常用0.1%新洁尔灭或0.05%百毒杀溶液。鸭场通往各鸭舍的道路也要每天用消毒药剂进行喷洒。各鸭舍应结合具体情况采用定期消毒和临时性消毒。鸭舍的用具必须固定在饲养人员各自管理的鸭舍内,不准相互通用,同时饲养人员也不能相互串舍。

除此以外,外来人员和非生产人员不得随意进入场内饲养区,场外车辆及用具等也不允许随意进入鸭场。凡进入场内的车辆和人员及其用具等必须进行严格地消毒,以杜绝外来的病原体带入场内。

(三)做好基础免疫

有计划、有目的地对鸭群进行免疫接种,是预防、控制和扑灭鸭传染病的重要措施之一。尤其对鸭的病毒性传染病,如鸭瘟、番鸭细小病毒病、雏鸭病毒性肝炎等疾病的预防措施中,免疫接种更具有关键性的作用。免疫接种通常可分为预防接种和紧急接种。

1. 预防接种

预防接种是在健康鸭群中还没有发生传染病之前,为了防止某些传染病的发生,有计划地定期使用疫(菌)苗对健康鸭群进行预防免疫接种。

(1)预防接种的方法:以病毒为中心的免疫预防接种,需要制定一个省力、经济、合理、预防效果好的预防接种计划,应根据各个地区、各个鸭场以及鸭的年龄、免疫状态和污染状态的不同因地制宜地结合本场情况制定免疫计划。免疫计划或方案在一个鸭场只能相对地、最大限度地发挥其保护鸭群的作用,但随事物的发展也要逐年加以改进,为本场建立一个最佳方案。

疫苗接种法,可分注射、饮水、滴鼻滴眼、气雾和穿刺法,根据疫苗的种类、鸭的日龄、健康情况等选择最适当的方法。

①注射法:此法需要对每只鸭进行保定,使用连续注射器可按照疫苗规定数量进行肌肉或皮下注射,此法虽然有免疫效果准确的一面,但也有捉鸭费力和产生应激等缺点。注射时,除应注意准确的注

射量外，还应注意质量，如注射时应经常摇动疫苗液使其均匀。注射用具要做好预先消毒工作，尤其注射针头要准备充分，每群每舍都要更换针头，健康鸭群先注，弱鸭最后注射。注射法包括皮下注射和肌内注射两种方法。

Ⅰ.皮下注射：一般在鸭颈背中部或低下处远离头部，用大拇指和食物捏住颈中线的皮肤并向上提起，使其形成一个皮囊，注意一定捏住皮肤，而不能只捏住羽毛，确保针头插入皮下，以防疫苗注射到体外。

Ⅱ.肌内注射：以翅膀靠肩部无毛处胸部肌肉为好，应斜向前入针，以防插入肝脏或胸腔引起事故。也可腿部注射，以鸭大腿内侧无血管处为最佳。

②饮水法：本法为活毒疫苗的常用方法之一，既能减少应激，又节省人力，但疫苗损失较多。由于雏鸭的强弱或密度关系也会造成饮水不均、有免疫程度不齐的缺点，所以需要放置充分的饮水器，使雏鸭都能充分地得到饮水。使用此法应注意：一是饮用水避免酸、碱以及化学物质（如氯离子）的影响，免疫前后 24 小时不得饮用消毒水，所以最好用蒸馏水免疫，同时在水中加入 0.25%～0.5%脱脂奶粉；二是饮水免疫前，要给鸭断水 2～4 小时，根据季节、气候掌握，让鸭在 1～2 小时内将稀释的疫苗全部喝完，同时应避免强烈光照射疫苗溶液；三是饮水器用清水冲洗，擦洗干净，数量充足。

③滴鼻滴眼法：雏鸭的早期的活毒疫苗常用此法。用滴瓶向眼内或鼻腔滴入 1 滴（0.03 毫升）活毒疫苗，滴鼻时，为了使疫苗很好地吸水，可用手将对侧的鼻孔堵住，让其吸进去。滴眼时，握住鸭的头部，面朝上，将 1 滴疫苗滴入面朝上的眼皮内，不能让其流掉。一只一只免疫，防止漏免。

④气雾法：将活毒疫苗按喷雾规定稀释，用适当粒度（30～50 微米）的喷雾器在鸭群上方离鸭只 0.5 米处喷雾。在短时间内，可使大群鸭吸入疫苗获得免疫。在喷雾前，要关风机、门窗，免疫后大约 15

分钟，重新打开。本法由于刺激呼吸道黏膜，所以避免在初次免疫时使用。

(2)免疫程序：由于不同鸭种及不同饲养地鸭的疾病的发病规律不一样，所以在鸭传染病的免疫程序上，没有固定的免疫程序。所以各地应结合饲养水平及当地鸭病的发病规律来制定合理的免疫程序。

1 日龄：雏鸭颈部皮下注射 0.5～1 毫升鸭肝类弱毒疫苗用于预防鸭病毒性肝类。

7 日龄：鸭颈部皮下注射 0.5 毫升传染性浆膜炎—大肠杆菌油乳灭活苗(血清型相符)用于预防鸭传染性浆膜炎—大肠杆菌病。

14 日龄：鸭颈部皮下或胸部肌内注射 0.5 毫升重组禽流感病毒灭活疫苗(H5N1 型)用于预防 H5 亚型禽流感病毒引起的禽流感。

21 日龄：颈部皮下注射 0.5 毫升传染性浆膜炎—大肠杆菌油乳灭活疫苗预防传染性浆膜炎-大肠杆菌病。

28 日龄：肌内注射 1 毫升鸡胚化鸭瘟弱毒疫苗预防鸭瘟。

35 日龄：颈部皮下或胸部肌内注射 1 毫升重组禽流感病毒灭活疫苗(H5N1 型)用于预防 H5 亚型禽流感病毒引起的禽流感。

60 日龄：肌内注射 2 毫升霍乱氢氧化铝甲醛苗预防禽霍乱。

110 日龄：颈部皮下或胸部肌内注射 1 毫升重组禽流感病毒灭活疫苗(H5N1 亚型)用于预防 H5 亚型禽流感病毒引起的禽流感。

120 日龄：颈部皮下注射 0.5～1 毫升鸭肝炎弱毒疫苗用于预防鸭病毒性肝炎。

130 日龄：肌内注射 2 毫升霍乱氢氧化铝甲醛苗预防禽霍乱。

230 日龄：颈部皮下或胸部肌内注射 1 毫升重组禽流感病毒灭活疫苗(H5N1 亚型)，加强抗体。

注：育肥鸭只做相应日龄的免疫。种鸭鸭肝炎弱毒苗、霍乱氢氧化铝甲醛苗、鸭瘟弱毒疫苗依上次免疫时间为起点每隔 6 个月(最好在换羽期)各注射 1 次，用于预防鸭毒性肝炎、禽霍乱及鸭瘟。

2. 紧急接种

紧急接种是在发生传染病时，为了迅速控制和扑灭疾病的流行，而对疫群、疫区和受威胁地区尚未发病的鸭进行临时应急性免疫接种。实践证明，在疫区对鸭瘟、禽霍乱等传染病使用疫(菌)苗，进行紧急接种是切实可行的，对控制和扑灭传染病具有重要的作用。紧急接种除应用疫(菌)苗外，在某些鸭病上常应用高免血清或高免卵黄抗体进行被动免疫，而且能够立即生效，如雏鸭病毒性肝炎，应用高免血清或高免卵黄抗体，能迅速控制该病的流行，即使对于正在患病的雏鸭群使用也具有良好的疗效。

在疫区或疫群应用疫苗作紧急接种时，必须对所有受到传染威胁的鸭群进行详细观察和检查，对正常无病的鸭进行紧急接种，而对病鸭和可能已受感染的潜伏期病鸭必须在严格消毒的情况下，立即隔离，观察或淘汰处理，不宜再接种疫苗。

3. 购苗及防疫注意事项

除"公司＋农户"养殖模式的由公司提供疫苗外，专业户饲养模式在购买和使用疫苗时要注意以下事项：

(1)要购买有国家批准文号的正式厂家的接种疫苗，不要购买无厂址、批准文号的非正式厂家的疫苗。

(2)要从有经营权的单位购买疫苗，同时还要看其保存条件是否合格，有无冰箱、冰柜、冷库等冷藏设施，无上述条件请不要购买。

(3)要详细了解疫苗运输和保存的条件。一般要求疫苗冷藏包装运输，使用单位收到疫苗后，应立即放在低温环境中保存。保存时限，因不同温度而异，各种疫苗都有具体规定。凡是超过在一定温度下保存的时间都不能使用。

(4)瓶子破裂、发霉、无标签或者无检号码的疫苗，不能使用。

(5)液体疫苗使用前要用力摇匀，冻干苗要按说明的规定稀释，并充分摇匀，现配现用。剩余疫苗不能再用，废弃前要煮沸消毒。用完的活疫苗瓶同样需要煮沸消毒，因为活疫苗是具毒力的病毒，一旦条件适宜，病毒毒力返强又会侵袭鸭群。

(6)疫苗接种用的注射器、针头、镊子、滴管和稀释的瓶子要先清洗并煮沸消毒 15～30 分钟，不要用消毒药煮沸消毒。

(7)疫苗稀释过程应避光、避风尘和无菌操作，尤其是注射用疫苗应严格无菌操作。

(8)疫苗稀释过程中一般应分级进行，对疫苗瓶应用稀释液冲洗 2～3 次。稀释好的疫苗应尽快用完，尚未使用的也应放在冰箱或冰水桶中冷藏。

(9)免疫接种前要了解当地鸭群的健康状况。在传染病流行期间，除了有些病可紧急接种疫苗外，一般不能免疫接种。

(10)做好预防接种记录，内容包括接种日期、鸭的品种、日龄、数量、接种名称、生产厂家、批号、生产日期和有效期、稀释剂和稀释倍数、接种方法、操作人员、免疫反应等。

(四)药物预防

对鸭群应用药物进行预防也是一项重要的防疫措施，在饲料、饮水或添加剂中加入某种既安全可靠又价格低廉的并有一定含量的抗菌药物或其他一些药物，可以预防细菌性传染病和寄生虫病以及其他内科疾病的发生，对促进鸭群的生长、增进鸭群体质，以及提高饲料的转化具有显著的效果。如用氟哌酸、土霉素等可以预防鸭副伤寒和大肠杆菌等疾病的发生，红霉素可以预防霉形体，制霉菌素、克霉唑可以预防曲霉菌病；磺胺类药物可以预防和治疗禽霍乱等疾病；克球粉、地克珠利等可以预防鸭球虫病。在鸭群注射疫苗后，添加适量的左旋咪唑还可以起到增强免疫力的作用。

此外，还有一些肠道传染病和寄生虫病以及其他因素引起的肠道疾病，这些疾病的产生常引起鸭体内维生素 A 的缺乏，往往可以通过在饲料中添加维生素 A 得到预防和改善。

但必须指出，任何一种药物或同一类型药物的长期使用或使用过量，容易对鸭产生耐药性或不良反应，如呋喃唑酮虽然对大肠杆菌病具有良好的预防效果，但该药对雏鸭较为敏感。在使用时，要严格控制药物浓度和剂量，同时连续使用时间不能超过1周，否则会引起过量中毒或蓄积中毒。磺胺类药物也不应过量使用或使用时间过长，否则同样也会引起不良反应。因此，在使用药物预防时，应根据药物的特性和临床实际需要，选择不同类别的药物。对于细菌性传染病，有条件的要进行细菌培养，同时还要对分离的菌株做药物敏感试验，以选用有针对性的和高度敏感的抗菌药物，更好地提高防治效果。

（五）鸭粪的加工处理

据测定，一只鸭平均每天排出鲜粪100克，每万只鸭每天产粪达1吨。按育肥鸭饲养周期60天计算，就要产出60吨。近年来，国内外已有许多处理禽粪的报道，其中不乏成功的实例。对禽类的处理途径不外乎3种：用作能源、饲料和肥料。据测定，禽粪中含氮1.64%、磷1.54%、钾0.85%，是养分均衡、含量较高的有机肥；含有各种有机物25.5%，可作为能源原料；含粗蛋白质7.94%，其中蛋氨酸0.11%、赖氨酸0.43%、胱氨酸0.1%，可用作饲料。

1. 脱水干燥法

脱水干燥处理新鲜鸭粪的主要成分是水，通过脱水干燥处理使其含水量降到15%以下。这样，一方面减少了鸭粪的体积和重量，便于包装运输；另一方面，可以有效地抑制鸭粪中微生物的活动，减少营养成分（特别是蛋白质）的损失。脱水干燥处理的主要方法有自然干燥法、太阳能自然干燥以及高温快速干燥等。

（1）自然干燥法：将收集的鲜粪摊放在干净的地面上利用阳光晒干，除臭灭菌。然后粉碎过筛，当水分降到10%以下时就可贮存利用。这种处理方法简便易行，适合小型养殖场采用。

（2）太阳能自然干燥处理：这种处理方法是采用塑料大棚中形成的“温室效应”，充分利用太阳能来对鸭粪作干燥处理。大棚一般长45米、跨度4～5米，鸭粪平铺于地面上，棚内设有两根铁轨，上有可活动的干燥搅拌机，装有风扇。这种方法每天平均可干燥 75 千克鲜粪，不怕雨淋，不消耗燃料，比较易于推广。

(3)高温快速干燥：利用高温快速干燥机处理鸭粪，在 500～550℃的高温下(12 秒钟左右)可使鸭粪水分降到 13%以下。其优点是鸭粪中养分损失少。

2. 发酵处理法

发酵处理法比干燥处理具有省能源、成本低、易推广的优点，同时也可达到灭菌、去臭的目的。

(1)饲料发酵法：将鸭粪里的羽毛等杂质去掉后按照干燥鸭粪 40%，玉米粉麦麸共 60%的比例掺和成混合料，以 100 千克混合料加入 1 千克益生菌活性液的比例加入 EM 菌发酵液。加水搅拌，水含量应该控制在 35%～45%(判断含水量合适不合适的标准也很简单，用手抓一把饲料使劲捏，潮而不见指缝滴水，含水量就够了)。搅拌好之后，将发酵的容器密闭上，在常温下放置，发酵 3～5 天。根据气温的不同，发酵时间也会有一定的差异，夏天较短，冬天较长。发酵的过程中发酵罐里面的温度会升高到 70～72℃，从而杀死微生物，鸭粪自然就变成了安全的猪饲料。

(2)青贮处理法：将鸭粪同其他青饲料按 1∶2 一起粉碎，并加入 3%石灰水拌匀杀菌后入池发酵，青贮 30 天左右便可使用。这种饲料有清香气味，喂养猪、牛适口性好。

(3)堆肥发酵法：选择在通风好、地势高的地方，最好远离居住区及鸭舍 500 米以上的下风向，将清理出的带垫料鸭粪堆积成堆，外面用泥浆封闭。一般夏季 10 天左右，冬季 2 个月左右。通过堆肥发酵后的鸭粪，是葡萄、西瓜、果树和蔬菜的好肥料。

(4)沼气发酵法：鸭粪是沼气发酵的原料之一，尤其是带水的鸭粪，可以用来制取沼气。建立中小型发酵池，经 10～20 天发酵便可生产出沼气。沼气可用作生活取暖，沼渣用来做鱼饵或肥料。

(六)污水的控制处理

养鸭场所排放的污水，主要来自清粪和冲洗鸭舍后的排放粪水及孵化厂等冲洗排放的污水。目前比较实用的有物理处理法和化学处理法。

1. 物理处理法

主要利用物理作用，将污水中的有机物、悬浮物、油类及其他固体物质分离出来。养殖场最常用的为沉淀法，即利用污水中部分悬浮固体密度大于水的原理使其在重力作用下自然下沉并与污水分离的方法，这是污水处理中应用最广的方法之一。沉淀法可用于在沉沙池中去除无机杂粒；在一次沉淀池中去除有机悬浮物和其他固体物；在二次沉淀池中去除生物处理产生的生物污泥；在化学絮凝法后去除絮凝体；在污泥浓缩池中分离污泥中的水分，使污泥得到浓缩。

2. 化学处理法

利用化学反应的作用使污水中的污染物质发生化学变化而改变其性质，最后将其除去。

(1)絮凝沉淀法：这是污水处理的一种重要方法。污水中含有的胶体物质、细微悬浮物质和乳化油等，可以采用该法进行处理。常用的絮凝剂有无机的明矾、硫酸铝、三氯化铁、硫酸亚铁等，有机高分子絮凝剂有十二烷基苯磺酸钠、羧甲基纤维素钠、聚丙烯酰胺、水溶性脲醛树脂等。在使用这些絮凝剂时还常用一些助凝剂，如无机酸或碱、漂白粉、膨润土、酸性白土、活性硅酸和高岭土等。

(2)化学消毒法：鸭场的污水中含有多种微生物和寄生虫卵，若鸭群暴发传染病时，所排放的污水中就可能含有病原微生物。因此，采用化学消毒的方式来处理污水就十分必要。经过物理、生物法处理后的污水再进行加药消毒，可以回收用作冲洗圈栏及一些用具，节约了鸭场的用水量。目前用于污水消毒的消毒剂有液氯、次氯酸、臭氧等，以氯化消毒法最为方便有效，经济实用。

(七)鼠虫控制

1. 灭鼠

鼠是人、畜多种传染病的传播媒介,鼠还盗食饲料和咬死雏鸭,咬坏物品,污染饲料和饮水,危害极大,因此鸭场必须做好灭鼠工作。

(1)防止鼠类进入建筑物:鼠类多从墙基、天棚、瓦顶等处窜入室内,在设计施工时注意墙基最好用水泥制成,碎石和砖砌的墙基,应用灰浆抹缝。墙面应平直光滑,防止鼠沿粗糙墙面攀登。砌缝不严的空心墙体,易使鼠隐匿营巢,要填补抹平。为防止鼠类爬上屋顶,可将墙角处做成圆弧形。墙体上部与大棚衔接处应砌实,不留空隙。用砖、石铺设的地面,应衔接紧密并用水泥灰浆填缝。各种管道周围要用水泥填平。通气孔、地脚窗、排水沟(粪尿沟)出口均应安装孔径小于1厘米的铁丝网,以防鼠类窜入。

(2)器械灭鼠:器械灭鼠方法简单易行,效果可靠,对人、畜无害。灭鼠器械种类繁多,主要有夹、关、压、卡、翻、扣、淹、黏等。近年来还采用电灭鼠和超声波灭鼠等方法。

(3)化学灭鼠:化学灭鼠效率高、使用方便、成本低、见效快,缺点是能引起人、畜中毒,有些鼠对药剂有选择性、拒食性和耐药性。所以,使用时需选好药剂和注意使用方法,以保证安全有效。灭鼠药剂种类很多,主要有灭鼠剂、熏蒸剂、烟剂、化学绝育剂等。鸭场的鼠类以孵化室、饲料库、鸭舍最多,是灭鼠的重点场所。饲料库可用熏蒸剂毒杀。养殖场所投放毒饵时,因实行网上养殖,只要防止毒饵混入饲料中即可。在采用全进全出制的生产程序时,可结合舍内消毒时一并进行。鼠尸应及时清理,以防被畜误食而发生二次中毒。选用鼠长期吃惯了的食物作饵料,突然投放,饵料充足,分布广泛,以保证灭鼠的效果。

2. 灭蚊、蝇

鸭场易孳生蚊、蝇等有害昆虫,骚扰人、畜和传播疾病,给人、禽健康带来危害,应采取综合措施杀灭。

(1)环境卫生:搞好鸭场环境卫生,保持环境清洁、干燥,是杀灭蚊蝇的基本措施。蚊虫需在水中产卵、孵化和发育,蝇蛆也需在潮湿的环境及粪便等废弃物中生长。因此,要填平无用的污水池、土坑、水沟和洼地。保持排水系统畅通,对阴沟、沟渠等定期疏通,勿使污水储积。对贮水池等容器加盖,以防蚊蝇飞入产卵。对不能清除或加盖的防火贮水器,在蚊蝇孳生季节,应定期换水。永久性水体(如鱼塘、池塘等),蚊虫多孳生在水浅而有植被的边缘区域,修整边岸,加大坡度和填充浅塘,能有效地防止蚊虫孳生。鸭舍内的粪便应定时清除,并及时处理,贮粪池应加盖并保持四周环境的清洁。

(2)化学杀灭:化学杀灭是使用天然或合成的毒物,以不同的剂型(粉剂、乳剂、油剂、水悬剂、颗粒剂、缓释剂等),通过不同途径(胃毒、触杀、熏杀、内吸等),毒杀或驱逐蚊蝇。化学杀虫法具有使用方便、见效快等优点,是当前杀灭蚊蝇的较好方法。

①马拉硫磷:为有机磷杀虫剂,它是世界卫生组织推荐用的室内滞留喷洒杀虫剂,其杀虫作用强而快,具有胃毒、触毒作用,也可作熏杀,杀虫范围广,可杀灭蚊、蝇、蛆、虱等,对人、畜的毒害小,故适于畜禽舍内使用。

②敌敌畏:为有机磷杀虫剂,具有胃毒、触毒和熏杀作用,杀虫范围广,可杀灭蚊、蝇等多种害虫,杀虫效果好。但对人、畜有较大毒害,易被皮肤吸收而中毒,故在畜舍内使用时,应特别注意安全。

③合成拟菊酯:是一种神经毒药剂,可使蚊、蝇等迅速呈现神经麻痹而死亡。杀虫力强,特别是对蚊的毒效比敌敌畏、马拉硫磷等高10倍以上,对蝇类,因不产生抗药性,故可长期使用。

(八)鸭尸体的处理

在正常情况下,鸭的死亡率每月为1%～2%。如果鸭群暴发某种传染病,则死鸭数会成倍增加。这些死鸭若不加处理或处理不当,尸体能很快分解腐败,散发臭气。特别应该注意的是患传染病死亡的鸭,其病原微生物会污染大气、水源和土壤,造成疾病的传播与蔓延。因此，必须正确而及时地处理死鸭。

1. 高温处理法

将鸭尸放入特设的高温锅（5 个大气压、150℃）内熬煮，达到彻底消毒的目的。鸭场也可用普通大锅，经 100℃的高温熬煮处理。此法可保留一部分有价值的产品，使死鸭饲料化，但要注意熬煮的温度和时间必须达到消毒的要求。

2. 土埋法

这是利用土壤的自净作用使死鸭无害化。此法虽简单但并不理想，因其无害化过程很缓慢，某些病原微生物能长期生存，条件掌握不好就会污染土壤和地下水，造成二次污染，因此对土质的要求是绝不能选用砂质土。采用土埋法，必须遵守卫生防疫要求，即尸坑应远离畜禽场、畜禽舍、居民点和水源，地势要高燥；掩埋深度不小于 2 米；必要时尸坑内四周应用水泥板等不透水材料砌严；鸭尸四周应洒上消毒药剂；尸坑四周最好设栅栏并做上标记。较大的尸坑盖板上还可预留几个孔道，套上 PVC 管，以便不断向坑内投放鸭尸。

3. 饲料化处理

如能在彻底杀死病原菌的前提下，对死鸭作饲料化处理，则可获得优质的蛋白质饲料。

二、发生疫情后的扑灭措施

一旦发生一类动物疫病或暴发流行二类、三类动物疫病时，立即报兽医防疫员进行诊断，并迅速将病鸭、可疑病鸭隔离观察，将症状明显或死亡鸭送兽医部门检验，及早做出诊断，一旦确诊为传染病，应根据“早、快、严、小”的原则，迅速采取措施。

1. 提高疫病诊断水平，减少疫病造成的损失

由各种病原引起的疫病，具有一定的特点和相似之处，必须要迅速正确地进行诊断，才能做到对症下药，及时采取防制措施，防止疫病蔓延扩大，减少疫病造成的损失。疫病诊断一般应从症状、解剖病变和流行病学调查着手，对相似症状、病变进行区别诊断，在此基础上应组织实验室诊断。实验室诊断应按照诊断要求采集病料，对所采病料进行病原体观察、培养，并进一步做琼扩试验、荧光抗体试验等办法确定病原。还可继续进行药敏试验、疫苗制作和高免抗体制作，提高防制疫病效果。

只有饲养人员随时观察鸭群动态，才能做到对鸭群疫情的早发现、早确诊、早处理，有利于控制疫病的传播和流行。因此，饲养人员要随时注意观察饲料、饮水的消耗及排粪和产蛋等情况，若有异常，要迅速查明原因。发现可疑传染性病鸭时，应根据动物防疫的有关法律、法规要求和传染病控制技术尽快确诊，隔离病鸭，封锁鸭舍，在小范围内采取扑灭措施，对健康鸭群采取紧急接种疫苗或进行药物防治。由于传染病发病率高，流行快，死亡率高，因此，饲养的鸭群发生了传染病，应及时通报，让邻近地区注意采取预防措施，防止发生大流行。

2. 严格隔离封锁

疫情发生时，要加强封锁和控制，严防传染病的流行和扩散。严禁食用病死鸭，严格隔离病鸭群。病死鸭的尸体、内脏、羽毛、污物等不能随意乱扔，必须焚烧或深埋，重症病鸭要淘汰。病鸭舍和病鸭用过的饲养用具、车辆、接触病鸭的人员、衣物及污染场地必须严格消毒，粪便经彻底消毒或生物发酵处理后方可利用。处理完毕后，经半个月如无新的病例，再进行一次终末彻底消毒，才能解除封锁。

3. 加强消毒 扑灭病原

鸭场发生疫情后在隔离封锁时，应立即对鸭舍、地面、饲槽、水槽及其他用具清洗后进行彻底消毒，扑灭鸭舍周围环境中存在的病原体。

4. 紧急接种

鸭场除平时按免疫程序做好免疫接种外，当发生疫情时，应对已确诊的疫病迅速采用该病的疫苗或高免血清，对受威胁的健康鸭进行紧急接种，使其尽快得到免疫力。尽早采取紧急接种，能明显有效地控制疫情，减少损失。

5. 扑杀、处理病死鸭

鸭场发生一些烈性传染病或人畜共患病的患病鸭要立即扑杀。对于无治疗意义和经济价值不大的病鸭、死鸭，尽快集中深埋或焚烧等无害化处理，将病鸭舍内的粪便发酵后作肥料，禁止随意丢弃病死鸭。如果对有利用价值的病鸭进行加工处理时，需经动物防疫监督检验部门检疫认可后，在不扩散病原的情况下才能进行加工处理，减少损失。

(1)鸭尸的运送

①运送前的准备

Ⅰ.设置警戒线、防虫：鸭尸和其他须被无害化处理的物品应被警戒，以防止其他人员接近、防止家养动物、野生动物及鸟类接触和携带染疫物品。如果存在昆虫传播疫病给周围易感动物的危险，就应考虑实施昆虫控制措施。如果对染疫动物及产品的处理被延迟，应用有效消毒药品彻底消毒。

Ⅱ.工具准备：运送车辆、包装材料、消毒用品。

Ⅲ.人员准备：工作人员应穿戴工作服、口罩、护目镜、胶鞋及手套，做好个人防护。

②装运

Ⅰ.堵孔：装车前应将鸭尸各天然孔用蘸有消毒液的湿纱布、棉花严密填塞。

Ⅱ.包装：使用密闭、不泄漏、不透水的塑料袋盛装，运送的车厢和车底不透水，以免流出粪便、分泌物、血液等污染周围环境。

Ⅲ.注意事项：箱体内的物品不能装的太满，应留下半米或更多的空间，以防鸭尸的膨胀(取决于运输距离和气温)；鸭尸在装运前不能被切割，运载工具应缓慢行驶，以防止溢溅；工作人员应携带有效消毒药品和必要消毒工具以及处理路途中可能发生的溅溢；所有运载工具在装前卸后必须彻底消毒。

③运送后消毒：在鸭尸停放过的地方，应用消毒液喷洒消毒。土壤地面，应铲去表层土，连同鸭尸一起运走。运送过鸭尸的用具、车辆应严格消毒。工作人员用过的手套、衣物及胶鞋等也应进行消毒。

（2）鸭尸的深埋

掩埋法是处理畜禽病害肉尸的一种常用、可靠、简便易行的方法。

①选择地点：应远离居民区、水源、泄洪区、草原及交通要道，避开岩石地区，位于主导风向的下方，不影响农业生产，避开公共视野。

②挖坑：坑应尽可能的深（2～7 米）、坑壁应垂直。

③鸭尸处理：在坑底撒漂白粉或生石灰，可根据掩埋鸭尸的量确定（0.5～2.0 千克/平方米）。掩埋鸭尸量大的应多加，反之可少加或不加。鸭尸先用 10%漂白粉上清液喷雾（200 毫升/平方米），作用 2 小时。将处理过的鸭尸投入坑内，使之侧卧，并将污染的土层和运鸭尸时的有关污染物如垫草、绳索、饲料、少量的奶和其他物品等一并入坑。

④掩埋：先用 40 厘米厚的土层覆盖鸭尸，然后再放入未分层的熟石灰或干漂白粉 20～40 克/平方米（2～5 厘米厚），然后覆土掩埋，平整地面，覆盖土层厚度不应少于 1.5 米。

⑤设置标识：掩埋场应标志清楚，并得到合理保护。

⑥场地检查：应对掩埋场地进行必要的检查，以便在发现渗漏或其他问题时及时采取相应措施，在场地可被重新开放载畜之前，应对无害化处理场地再次复查，以确保对牲畜的生物和生理安全。复查应在掩埋坑封闭后 3 个月进行。

⑦注意事项：石灰或干漂白粉切忌直接覆盖在鸭尸上，因为在潮湿的条件下熟石灰会减缓或阻止鸭尸的分解。

第二节　鸭病的判断

经常观察鸭群是鸭管理的一项重要工作，饲养者应随时了解鸭群的健康和采食情况，及时挑出病、弱、死鸭，以便加强管理，及早预防疾病。

一、群体检查

首先观察鸭群中有无精神委靡、被毛松乱、动作迟缓、外貌异常、食欲不振或不饮、不食的鸭。然后惊动鸭群，观察鸭的动态。病鸭反应迟钝，乃至全无反应，对瘫卧不起、有患病可疑的鸭，立即剔出，进行个体检查。

二、个体检查

检查时以右手握持鸭的两翅，举起鸭体，从头到尾视检全身。

1. 头部检查

(1)头部皮肤：主要观察皮肤有没有损伤、炎症，皮肤颜色变化，皮下有没有水肿等情况。外伤、打斗可造成头部皮肤的损伤和炎症肿胀；某些传染病和中毒病可引起机体缺氧，头部皮肤颜色表现为发紫，如亚硝酸盐中毒鸭；患鸭瘟病时，头部皮下水肿。

(2)喙：喙的质地和形态是否改变，颜色是否正常，色泽有否消退。幼鸭患软骨病时喙发软，容易弯曲出现变形。喙色泽发紫，常见于小鹅瘟、禽霍乱、鸭卵黄性腹膜炎、维生素 E 缺乏症等疾病。喙变软、易扭曲，常见于幼鸭钙磷代谢障碍、维生素 D 缺乏症以及氟中毒。

(3)口腔：主要观察口腔内有无过多的分泌物，黏膜是否苍白、充血、出血，口腔与喉头部有无假膜覆盖，有无溃疡或异物存在等。检查者可用手指抵住鸭咽喉部皮肤或用手捏住两嘴角喙根部，令其张开口腔以观察。口腔流出水样混浊液体，临床上见于副黏病毒病、鸭瘟等。口腔内有刺鼻的气味，常见于有机磷及其他农药中毒，如有机磷农药中毒具有大蒜气味。口腔黏膜有炎症或有白色针尖大的结节，见于雏鸭维生素 A 缺乏症和烟酸缺乏症。口腔黏膜形成黄白色、干酪样假膜或溃疡，严重者甚至蔓延至口腔外部，嘴角亦形成黄白色假膜，临床上见于鸭霉菌性口炎，即鸭口疮。

(4)鼻腔：鸭鼻腔有分泌物是鼻道疾病最显著的征候，鼻孔及其窦腔内有黏液性或浆液性分泌物，常见于鸭流行性感冒、鸭曲霉菌感染、大肠杆菌病、霉形体病，也见于棉籽饼中毒等。鼻腔内有牛奶样或豆腐渣样物质，则见于维生素 A 缺乏症。

(5)喉及气管：打开鸭的口腔也可观察到喉头的变化，主要观察喉头是否有充血、出血、水肿，分泌物情况，有无假膜覆盖等。如喉头干燥、有易剥落的白色假膜，多见于各种维生素缺乏症。压迫气管，鸭即表现为疼痛反应性咳嗽、甩头、张口吸气等，多表示气管和喉有炎症。

(6)眼睛：主要观察眼结膜的颜色，有无出血、损伤，分泌物及眶下窦情况。如眼球下陷，临床上常见于某些传染病、寄生虫病等因腹泻引起机体脱水所致，如副黏病毒病、禽副伤寒、大肠杆菌病、绦虫病以及某些中毒病等。眼结膜充血、潮红、流泪、眼睑水肿，临床上见于禽霍乱、嗜眼吸虫病、禽眼线虫病以及维生素 A 缺乏症。眼睛有黏性或脓性分泌物，常见于鸭瘟、禽副伤寒、大肠杆菌眼炎以及其他细菌或霉菌引起的眼结膜炎。眼结膜有出血斑点，临床上见于禽霍乱、鸭瘟等。眼睛有黏液性分泌物流出，使眼睑变成粒状，则见于雏鸭生物素及泛酸缺乏症等。角膜混浊，流泪，见于维生素 A 缺乏症；角膜混浊，严重者形成溃疡，临床上见于慢性鸭瘟，也见于嗜眼吸虫病。瞬膜下形成黄色干酪样小球、角膜中央溃疡，临床上见于曲霉菌性眼炎。

2. 食管膨大部检查

鸭的食管膨大部相当于鸡的嗉囊，检查者可以用手按摸以了解其内容物性质，必要时可将鸭倒提使头下垂并挤压，检查食管膨大部内有无酸臭并带气泡的液体从其口腔内流出。鸭口疮患鸭食管膨大部膨大，触诊松软，挤压或倒提即见从口腔流出酸败的带气泡的内容物。患硬嗉病时，按压食管膨大部有面团样感，有的感觉坚硬，里面充满硬内容物。

3. 胸部检查

通过触摸了解胸廓是否有疼痛、肋骨有无突起、胸骨有没有变软、变形。检查营养状况时，可触诊胸骨两侧的肌肉丰满程度。也可以听诊有无异常的呼吸音响，以考察呼吸系统的功能变化。如肺和气管的呼吸音粗厉、有湿啰音多说明呼吸系统有炎症。

4. 腹部检查

腹部检查常用视诊、触诊和穿刺等方法，主要了解腹围的变化和腹腔器官内容物的状态变化。腹围膨大见于产蛋鸭的卵黄性腹膜炎，有时亦见于产蛋鸭的腹围缩小，常见于慢性传染病和寄生虫病，如慢性副伤寒、裂口线虫病、绦虫病等；患有卵黄性腹膜炎时，触诊腹部有波动感，穿刺可抽出多量淡黄色或污灰色腥臭浑浊渗出液。

5. 肛门、泄殖腔检查

注意观察肛门周围有无粪便污染，泄殖腔有否肿胀、外翻，再用拇指和食指翻开泄殖腔，观察黏膜色泽、完整性及其状态。肛门周围有稀粪沾污，见于多种腹泻性疾病；肛门周围有炎症、坏死和结痂病灶，常见于泛酸缺乏症。泄殖腔黏膜充血或有出血点，见于各种原因引起的泄殖腔炎症，如前殖吸虫病、副黏病毒病等，有时也见于禽霍乱；患鸭瘟病时，肛门水肿、泄殖腔黏膜充血、肿胀，严重者泄殖腔外翻，患病公鸭阴茎不能收回。

6. 腿、关节、脚和蹼检查

主要检查腿各部的完整性，关节的活动性，关节和韧带的连接状况，腿部骨骼的形状，脚、蹼的完整性和颜色等。如触摸腿部各关节，检查有无肿胀、骨折、变形或运动不灵活等现象，这些部位常见的征候和相应的疾病有：趾关节、附关节发生关节囊炎时，关节肿胀，并有波动感，有的还含有脓汁，通常滑膜支原体、金黄色葡萄球菌、沙门菌属病原体都可引发这些变化；跖骨软、易折，临床上见于佝偻病、骨软症，以及氟中毒引起的骨质疏松；脚、蹼前端逐渐变黑、干燥，有时脱落是由葡萄球菌引起。脚、蹼发紫，常见于卵黄性腹膜炎、维生素 E 缺乏症，亦可见于小鹅瘟等；脚、蹼干燥或有炎症，常见于 B 族维生素缺乏症，以及各种疾病引起的慢性腹泻；脚蹼趾爪蜷曲或麻痹见于雏鸭维生素 B_2 缺乏症；锰缺乏的鸭跗关节异常肿大，常一只腿从跗关节处屈曲而无法站立，可因麻痹而饥饿死亡。

7. 体温测量

必要时可进行体温测量，将体温计插入泄殖腔的直肠部约 2～3 厘米深处 3～5 分钟，注意不要损伤输卵管。鸭的正常体温为 41℃左右，其变动范围受年龄、品种、测温时间、季节、外界温度和饲料等因素的影响。某些疾病因素可造成鸭体温的升高，如禽霍乱、鸭瘟等急性传染病；体质衰弱、严重营养不良、贫血及濒死期的病鸭体温可下降。

8. 粪便

大便稀，临床上见于细菌、霉菌、病毒和寄生虫等病原引起鸭的腹泻，如禽副伤寒、小鹅瘟等，也见于某些营养代谢病和中毒病等。大便呈石灰样，临床上多见于维生素 A 缺乏症和磺胺药中毒等。大便稀，带有黏液状并混有小气泡，临床上见于雏鸭维生素 B_2 缺乏症，或采食过量的蛋白质饲料引起的消化不良以及小鹅瘟等。大便稀，带有黏稠、半透明的蛋清或蛋黄样，临床上见于卵黄性腹膜炎、输卵管炎、产蛋鸭的前殖吸虫病等。大便稀，呈青绿色，临床上见于鸭副黏病毒病、慢性禽霍乱等。大便稀，并混有暗红或深紫色血黏液，临床上见于鸭球虫病，有时亦见于禽霍乱。大便呈血水样，临床上见于球虫病，有时也偶见于磺胺药中毒以及呋喃丹中毒。

9. 鸭蛋

鸭蛋的蛋壳薄，临床上见于禽副伤寒、大肠杆菌病、副黏病毒病、鸭瘟以及维生素D和钙磷缺乏症等疾病，也见于夏季热应激引起蛋壳变薄。鸭蛋无蛋黄，临床上见于异物(如寄生虫、脱落的黏膜组织、小的血块等)落入输卵管内，刺激输卵管的蛋白分泌部位，使其分泌出蛋白包住异物，然后再包上壳膜和蛋壳而形成的，也见于输卵管太狭窄，产出很小的无蛋黄的畸形蛋。双黄蛋，临床上偶见于食欲旺盛的产蛋鸭，这是因为两个蛋黄同时从卵巢放出，同时通过输卵管，也同时被蛋白壳膜和蛋壳包上而形成体积特别大的双黄蛋。双壳蛋，即具有两层蛋壳的蛋，临床上见鸭产蛋时受惊后输卵管发生逆蠕动，蛋又退回蛋壳分泌部，刺激蛋壳腺再次分泌出一层蛋壳，而使蛋具有两层蛋壳。

以上这些只是一般临床检查方法，对有些特殊的传染病确诊，多数情况下是不能确定的。因为很多传染病特异的临床症状是在发病的中、后期才能表现出来。在病的初期，不同传染病大多呈现出类似的临床症状，如体温升高、心跳加快、呼吸急促、食欲不振、精神委靡等。同时，因为病原体毒力的大小、机体抵抗力的强弱、病原体侵入的途径、环境条件的优劣等不同，可使鸭只表现出不同的临床症状。并不是所有传染病的经过都具有特征性症状，某些传染病表现为消散型、顿挫型或非典型型，有些传染病的经过是无症状的。所以，临场症状的观察不可能确定诊断，必须结合其他辅助诊断方法综合分析判断。

三、剖检检查

1. 病理剖检

病理剖检即对患鸭或病死鸭的尸体进行剖解，以全面、细致地检查病鸭各个器官、组织的病理变化，为快速诊断疾病提供重要依据。

在临床上，大多数鸭病没有特征性的临床症状，想从临床症状上把每种病鉴别开是比较困难的。另外，尽管实验室检查对鸭病的诊断起决定作用，但它往往要有一定的设备条件，且常需要较长的时间。而禽的病理剖检诊断方法简单易行，也比较容易掌握，因此，对于经验丰富的禽病工作者来说，病理剖检是鸭病诊断最主要的手段。

病理剖检一般遵循由外向内，先无菌后污染，先健部后患部的原则，按顺序，分器官逐步完成。

(1)活鸭应首先放血处死，死鸭能放出血的尽量放血，检查并记录患鸭外表情况，如皮肤、羽毛、口腔、眼睛、鼻孔、泄殖腔等有无异常。

(2)用消毒液将鸭尸羽毛沾湿或浸湿，避免羽毛、尘屑飞扬，然后将鸭尸放在解剖盘中或塑料布上。

(3)用刀或剪把腹壁和两侧大腿间的疏松皮肤纵向切开，剪断连接处的肌膜，两手将两股骨向外压，使股关节脱臼，卧位平稳。

(4)将龙骨末端后方皮肤横行切断，提起皮肤向前方剥离并翻置于头颈部，使整个胸部至颈部皮下组织和肌肉充分暴露，观察皮下、胸肌、腿肌等处有无病变，如有无出血、水肿，脂肪是否发黄，以及血管有无淤血或出血等。

(5)皮下及肌肉检查完之后，在胸骨末端与肛门之间作一切线，切开腹壁，再顺胸骨的两边剪开体腔，以剪刀就肋骨的中点，由后向前将肋骨、胸肌、锁骨全部剪断，然后将胸部翻向头部，使体腔器官完全暴露。然后观察各脏器的位置、颜色、有无畸形，浆膜的情况(如有无渗出物和粘连，体腔有无积水、渗出物或出血)。接着剪断腺胃前的食管，拉出胃肠道、肝和脾，剪断与体腔的联系，即可摘出肝、脾、生殖器官、心、肺和肾等进行观察。若要采取病料进行微生物学检查，一定要用无菌方法打开体腔，并用无菌法采取需要的病料(肠道病料的采集应放到最后)，后再分别进行各脏器的检查。

(6)将鸭尸的位置倒转，使头朝向剖检者，剪开嘴的上下连合，伸进口腔和咽喉，直至食管和食道膨大部，检查整个上部消化道，以后再从喉头剪开整个气管和两侧支气管。观察后鼻孔、腭裂及喉口有无分泌物堵塞；口腔内有无伪膜或结节；再检查咽、食道和喉、气管黏膜的颜色，有无充血、出血、黏液和渗出物。

(7)根据需要，还可对鸭的神经器官如脑、关节囊等进行剖检。脑的剖检可先切开头顶部皮肤，从两眼内角之间横行剪断颧骨，再从两侧剪开顶骨、枕骨，掀除脑盖，暴露大、小脑，检查脑膜以及脑髓的情况。

2. 剖检结果的描述、记录

对在剖检时看到的病理变化，要进行客观的描述并及时准确地记录下来，为准确诊断提供可靠的材料。在描述病变时常采用如下的方法：

(1)用尺量病变器官的长度、宽度和厚度，以厘米为计量单位。

(2)用实物形容病变的大小和形状，但不要悬殊太大，并采用当地都熟悉的实物。如表示圆形体积时可用小米粒大、豌豆大、核桃大等；表示椭圆时，可用黄豆大、鸽蛋大等；表示面积时可用一分、五分硬币大等；表示形状时可用圆形、椭圆形、线状、条状、点状、斑状等。

(3)描述病变色泽时，若为混合色，应次色在前，主色在后，如鲜红色、紫红色、灰白色等；也可用实物形容色泽，如青石板色、红葡萄酒色及大理石状、斑驳状等。

(4)描述硬度时，常用坚硬、坚实、脆弱、柔软来形容，也可用疏松、致密来描述。

(5)描述弹性时，常用橡皮样、面团样、胶冻样来表示。

此外，在剖检记录中还应写明病鸭品种、日龄、饲喂何种饲料，疫苗使用情况及病鸭死前症状等。剖检工作完成后，要注意把尸体、羽毛、血液等物深埋或焚烧。剖检工具、剖检人员的外露皮肤用消毒液进行消毒，剖检人员的衣服、鞋子也要换洗，以防病原扩散。

3. 病理剖检的注意事项

(1)在进行病理剖检时,如果怀疑待检的鸭已感染的疾病可能对人有接触传染时(如鸟疫、丹毒、禽流感等),必须采取严格的卫生预防措施。剖检人员在剖检前换上工作服、胶靴、配戴优质的橡胶手套、帽子、口罩等,在条件许可的条件下最好戴上面具,以防吸入病鸭的组织或粪便形成的尘埃等。

(2)在进行剖检时应注意所剖检的病(死)鸭应在鸭群中具有代表性。如果病鸭已死亡则应立即剖检(须于患鸭死后立即进行,最好不超过 6 小时,夏季不超过 4 小时),应尽可能对多只死鸭进行剖检。

(3)剖检前应当用消毒药液将病鸭的尸体和剖检的台面完全浸湿。

(4)剖检过程应遵循从无菌到有菌的程序,对未经仔细检查且粘连的组织,不可随意切断,更不可将腹腔内的管状器官(如肠道)切断,造成其他器官的污染,给病原分离带来困难。

(5)剖检人员应认真地检查病变,切忌草率行事。如需进一步检查病原和病理变化,应取病料送检。

(6)在剖检中,如剖检人员不慎割破自己的皮肤,应立即停止工作,先用清水洗净,挤出污血,涂上药物,用纱布包扎或贴上创可贴;如剖检的液体溅入眼中时,应先用清水洗净,再用 20%的硼酸冲洗。

(7)剖检后,所用的工作服、剖检的用具要清洗干净,消毒后保存。剖检人员应用肥皂或洗衣粉洗手,洗脸,并用 75%的酒精消毒手部,再用清水洗净。

4. 病料的采取、保存

(1)病料采集的注意事项

①采集病料的时间:内脏病料的采取,须于患鸭死后立即进行,最好不超过 6 小时,夏季不超过 4 小时,否则时间过长,由肠内侵入其他细菌,致使尸体腐败,有碍于病原菌的检验。

②采集器械的消毒:刀、剪、镊子等用具可煮沸 30 分钟,最好用

酒精擦拭，并在火焰上烧一下。器皿在高压灭菌器内或干烤箱内灭菌，或放于0.5%～1%的碳酸氢钠水中煮沸；软木塞或橡皮塞置于0.5%石炭酸溶液中煮沸10分钟。载玻片应在1%～2%的碳酸氢钠溶液中煮沸10～15分钟，水洗后，再用清洁纱布擦干，将其保存于酒精、乙醚等液体中。注射器和针头放于清洁水中煮沸30分钟即可。

③采集病料的所有工序必须是无菌操作：采取一种病料，使用一套器械。并将取下的材料分别置于灭菌的容器中，绝不可将多种病料或多头鸭的病料混放在一个容器内。病变的检查应在病料采集后进行，以防所采的病料被污染，影响检查结果。

④需要采取的病料，应按疾病的种类适当选择：当难以估计是哪种传染病时，应采取有病变的脏器、组织。但心、肺、脾、肝、肾、淋巴结等，不论有无肉眼可见病变，一般均应采取。

⑤病料采集后，如不能立即进行检验，应立即装入塑料袋内保存于4℃的冰箱中。

(2)病料的采集方法

①脓汁、渗出液：用灭菌注射器无菌抽取未破溃的脓肿深部的脓汁，置于灭菌的细玻璃管中，然后将两端熔封，用棉花包好放于试管中，亦可直接用注射器采取后，放试管中，如系开放的化脓灶或鼻腔时，可用无菌的棉签浸蘸后，放在灭菌试管中。也可直接用接种环经消毒的部位插入，提取病料直接接种在培养基上。

②淋巴结及内脏：将淋巴结、肺、肝、脾、肾等有病变的部位各采取1～2平方厘米的小方块，分别置于灭菌试管或平皿中。若为供病理组织切片的材料，应将典型病变部分及相连的健康组织一并切取，组织块的大小每边2厘米左右，同时要避免使用金属容器，尤其是当病料供色素检查时，更应注意。此外，若有细菌分离条件，也可首先以烧红的铁片烫烙脏器的表面，用接种环(火焰灭菌后)自烫烙的部位插入组织中缓慢转动接种环，取少量组织或液体，作涂片镜检或接

种在培养基上。培养基可根据不同情况而进行选择。一般常用鲜血琼脂平板、普通琼脂平板或营养琼脂平板培养等。

③血液:血液是动物新陈代谢必需营养物质输送和代谢产物排除的载体,也是信息传递的重要媒介,它保证了机体正常生命活动的进行。任何致病因子对机体的有害刺激,都可以造成血液成分的变化,因此,血液的检验在动物疾病的诊断中有着广泛的应用。

根据检验所需血液量的多少,可选择鸭的不同部位采血。微量血液的采取,可选择在胫部,方法是局部常规消毒,干燥后涂抹少量凡士林,用消毒的针尖扎刺,使血液自然流出,弃去开始的几滴血后取血检查,采血完毕后局部消毒并压迫止血;较多量血液则一般从翅内静脉采取,方法是选择翅内静脉不易滑动的部位,助手保定并在翅根压迫静脉,用连接针头的注射器刺入静脉抽血;若需更多量血液时,可采用心脏采血法,方法是左手从翅根部抓住两翅膀,使鸭腹部向上,另一手持连接针头的注射器,从胸骨和两锁骨连接的凹陷处贴着胸骨柄稍偏向左侧以 10°～20°角刺入 3 厘米左右即可抽出血液。

对死鸭采取心血时,通常在右心室采血,先用烧红的铁片烫烙心肌表面,再用灭菌注射器在烫烙处插入,吸取血液,置于无菌试管中。

④胆汁:先用烧红的刀片或铁片烙烫胆囊的表面,再用灭菌吸管或注射器刺入胆囊内吸取胆汁,盛于灭菌试管中。也可直接用接种环经消毒的部位插入,提取病料直接接种在培养基上。

⑤肠:用烧红的刀片或铁片将欲采取的肠表面烙烫后穿一个小孔,持灭菌棉签插入肠内擦取肠道黏膜及其内容物,将棉花置于灭菌试管中内,亦可将肠内容物直接放入容器内。亦可用线扎紧一段肠道(7～10 厘米)的两端,然后在两线稍远处切断,放于灭菌容器中。采取后应急速送检,不得迟于 24 小时。

⑥皮肤:取大小约 10 厘米×10 厘米的皮肤一块,保存于 30%甘油缓冲液中,或 10%的饱和盐水溶液中,或 10%福尔马林溶液中,或不加保存液直接放在灭菌的密闭容器中。

⑦羽毛：应在病变明显部分采集，用刀将羽毛及其根部皮屑刮取少许放入灭菌试管中送检。

⑧脑、脊髓：如采取脑、脊髓作病毒检查，可将脑、脊髓浸入50％甘油盐水液中或将整个头部割下，包入浸过0.1％汞液的纱布或油布中，装入木箱或铁桶中送检。

(3)病料的保存

①直接保存于4℃冰箱中。

②保存液保存：常用的有甘油盐水缓冲保存液，配比为甘油300毫升，氯化钠4.2克，磷酸氢二钾1.0克，0.02％酚红溶液1.5毫升，蒸馏水加至1000毫升。将这些配比成分混合于水中，加热溶化，校正pH值为7.6，分装于试管中(约7毫升)，15磅压力下，灭菌15分钟，保存于冰箱中备用。

(4)病料的运送：本场有实验室的可自行进行化验，若没有需要到相关的动物检疫部门进行化验。

①要附带病情记录：如发病鸭品种、性别、日龄，送检病料的数量和种类，检验的目的，死亡时间并附临床病例摘要等。

②装在试管和广口瓶中的病料密封后装在冰筒中送检，防止容器和试管翻倒。且送至检验部门的时间，应越快越好。

③运送整个尸体，用浸透适宜消毒液的布包好后，装入塑料袋中。

第三节 鸭常见疾病的防治

1. 鸭瘟

本病又名鸭病毒性肠炎，是由鸭瘟病毒引起的一种高死亡率的急性、热性传染病。本病对不同品种、日龄及性别的鸭均可感染。

【发病特点】鸭瘟是由疱疹病毒引起的鹅、鸭、天鸭的一种急性、高度传染性疾病，各种年龄和品种的鸭均可感染，但在鸭瘟流行时，成年鸭发病和死亡比较严重,1月龄以下的小鸭发病较少。本病一年四季均可发生,但以春夏之交和秋季最易流行。其传染源主要是病鸭和带毒鸭,当健康鸭一旦接触这些带毒的禽类所排出的粪便及其分泌物污染的饲料、饮水、饲养工具等,即感染发病。本病的主要传染方式是消化道感染,也可通过滴鼻、泄殖腔、注射及某些吸血昆虫等引起发病,从而造成疫病流行。

【临床症状】潜伏期一般为2～4天,病鸭初期表现为精神委靡,头颈缩起,呼吸困难,常伴有湿啰音,食欲降低,渴欲增加;两肢发软,步态蹒跚,经常卧地,难于走动,驱赶时两翅扑地而走;眼四周湿润、怕光、流泪,有的因附有脓性分泌物而两眼黏合;鼻孔内流浆液性或黏液性分泌物;部分病鸭头颈部肿胀;体温急剧升高达43～44℃,呈稽留热型;病鸭下痢、排绿色稀便,有时为灰白色,肛门周围羽毛被污染,常附有稀粪结块。后期,病鸭体温下降,体质衰竭,不久死亡。产蛋鸭群的产蛋量减少30%左右,随着死亡率的增高,可减产60%以上,甚至停产。病鸭在出现症状后1～5天内死亡。

【病理剖检】剖检病变主要在消化道,即口腔咽喉头周围可能有坏死灶,食道内有条纹状溃疡,泄殖腔黏膜有出血或溃疡,小肠有出血环,心脏有出血点,肝脏微肿胀、淤血和出血斑点。

【诊断】根据症状、剖检和组织病理学变化可作出初步诊断,确诊需分离和鉴定病毒。

【防治措施】

(1)严防从疫区引进种蛋或病鸭,严格做好各环节防检疫及消毒工作,日常定期用10%石灰乳或5%漂白粉液消毒场舍地面等。

(2)加强饲养管理,提高鸭群健康水平,适当添喂多种维生素,增强机体免疫力。定期注射鸭瘟弱毒冻干苗,2月龄以上每只胸肌注射1毫升,免疫期6个月,雏鸭按每只2毫升加水拌入饲料内,早餐空腹一次喂给。

(3)发生鸭瘟流行时,应仔细检查,及早剔出病鸭,隔离可疑病鸭，健康鸭群另行隔离饲养，用10%～20%生石灰水或热草木灰水，对场地、工具等进行消毒，对健康鸭进行紧急疫苗接种。

【治疗方法】

(1)一旦发生疫情，立即向当地动物防疫监督机构上报疫情，按法定要求采取封锁、隔离、焚尸、消毒等综合措施扑灭疫情。患疫场舍等也可用3%热氢氧化钠液或菌毒特1∶100热水稀释后喷洒消毒。对疫区或威胁区内的健康鸭群或疑似感染群，应立即使用鸭瘟鸡胚弱毒苗等接种，每只1～2头份。

(2)早期治疗可取抗鸭瘟高免血清，每只肌注0.5毫升，有一定疗效；也可肌注聚肌胞，每只0.5～1毫升，每3天1次，连用2～3次。有的用盐酸吗啉胍可溶性粉或恩诺沙星可溶性粉，按2克/升拌水混饮，每天1～2次，连用3～5天(产蛋鸭禁用，肉用鸭停药8天)。

(3)清瘟败毒散+蜂胶疫苗，一般3～5天即可治愈。

2. 禽流感

禽流感是一种世界范围的禽类传染病，近年来鸭、鹅的发病率逐年增高，曾给养禽生产造成巨大损失。

【发病特点】最近几年引起鸭发病的主要是H5N1亚型。本病主要是通过密切接触传播，接触或食入患禽的羽毛、肉尸、排泄物、分泌物以及被污染的水源、饲料、用具、车辆而造成传染。该病一年四季均可发生，但在寒冷、交替变化的季节多发。各种日龄均可感染。雏鸭的发病率可达100%，死亡率可达95%以上；成年鸭主要引起产蛋严重下降，甚至绝产。

【临床症状】发病时鸭群中先有几只出现症状，1～2天后波及全群，病程3～15天。病仔鸭废食，离群，羽毛松乱，呼吸困难，眼眶湿润；下痢，排绿色粪便，出现跛行、扭颈等神经症状；干脚脱水，头冠部、颈部明显肿胀，眼睑、结膜充血出血，舌头出血。育成期鸭和种鸭也会感染，但其危害性要小一些，病鸭生长停滞，精神不振，嗜睡，肿头，眼眶湿润，眼睑充血或高度水肿、向外突出呈金鱼眼样子，病程长的仅表现出单侧或双侧眼睑结膜混浊，不能康复；发病的种鸭产蛋率、受精率均急剧下降，畸形蛋增多。

【病理剖检】大多数患鸭皮肤毛孔充血、出血，全身皮下和脂肪出血。头肿大的患鸭下颌部皮下水肿，呈淡黄色或淡绿色胶样液体。眼结膜出血，瞬膜充血、出血。颈上部皮肤和肌肉出血，鼻腔黏膜水肿、充血、出血，腔内充满血样黏液性分泌物，喉头黏膜不同程度出血，大多数病例有绿豆至黄豆大凝血块，气管黏膜有点状出血。脑壳和脑膜严重出血，脑组织充血、出血。胸腺水肿，或萎缩出血。脾脏稍肿大，淤血、出血，呈三角形。肝脏肿大，淤血、出血。部分病例肝小叶间质增宽，肾脏稍肿大充血，胰腺有出血斑和坏死灶或液化状，胸壁有淡黄色胶样物，腺胃黏性分泌物多。部分病例黏膜出血，腺胃与肌胃交界处有出血带，肠局灶性出血斑或出血块，黏膜有出血性溃疡病灶，直肠后端黏膜出血。多数病例心肌有灰白色坏死灶，心内膜出血斑。肺淤血、出血。产蛋母鸭卵泡破裂于腹腔中，卵巢中卵泡膜充血，有出血斑并变形，输卵管浆膜充血，出血腔内有凝固蛋白。病程较长患病母鸭的卵巢中的卵泡萎缩，卵泡膜充血、出血或变形。患鸭法氏囊出血。有些病例十二指肠与肌胃处有出血块。部分病例盲肠出血。

【诊断】当小鸭群中迅速出现鼻炎、窦炎等呼吸道炎性症状时，就应考虑到禽流感。仅从上述临床症状，很难与其他出现呼吸道症状的疾病相鉴别，因此，必须依靠实验室诊断进行确诊。

关于该病的鉴别诊断，在雏鸭应注意与雏鸭病毒性肝炎相区别；对于出现三炎（心包炎、肝周炎、气囊炎）且又有流感病变的肉鸭流感病例，应与单一的鸭传染性浆膜炎、鸭大肠杆菌病等相区别；在种鸭由于发生流感后极易并发或继发大肠杆菌病，因此在临诊中也应注意与单一的大肠杆菌病加以区别。

【防治措施】控制本病的传入是关键，应做好引进种鸭、种蛋的检疫工作，坚持“全进全出”的饲养方式，平时加强消毒，做好一般疫病的免疫,以提高鸭的抵抗力。

(1)严禁从疫区或发病禽场引种。

(2)实行“全进全出”制度,禁止鸡、鸭、鹅混养。

(3)对禽舍内、外环境加强消毒。消毒剂两种以上交替使用,如含氯类、季铵盐类、碘制剂、火碱等消毒剂。

(4)严格控制进入禽场的人员、车辆和物品,彻底消毒后方允许进入禽场。饲养员更换鞋帽,消毒后才能进入禽舍,要经常灭鼠、蚊、蝇,阻止飞鸟和昆虫进入禽舍。

(5)鸭群发病后,要及时上报有关部门,按照A类疾病的处理措施进行,封锁发病鸭场或鸭舍,人员、用具和饲料要隔离,不能串舍或混用,病鸭要隔离或淘汰,死亡鸭及其粪便、分泌物进行焚烧或深埋,病愈鸭不能留做种用,病鸭所产种蛋,不能用于孵化,防止雏鸭的早期感染。对未发病鸭群紧急免疫接种。鸭淘汰后,鸭舍要严格消毒,空舍1～2个月后方可进鸭。

(6)做好免疫工作,增强鸭的特异性抵抗力:鸭的流感目前是由禽流感病毒特定亚型引起,必须用含特定型的禽流感油乳剂灭活苗免疫才有效。青岛易邦公司生产的水禽流感油乳剂灭活苗含有当前流行毒株,对目前流行的鸭的流感有很好的预防效果。

①免疫方法:禽流感灭活苗分肌内注射和皮下注射。小日龄的采取皮下注射,大日龄采取肌内注射或皮下注射。

②免疫程序:禽流感免疫程序的制定和实施受许多因素的影响,除疫苗外,还与免疫方法、母源抗体水平、疫情流行情况、饲养方式和管理水平和应激状态、技术条件等因素有关。

③免疫剂量:应根据环境污染程度和鸭的体重来确定。一般2千克以下注射0.3～0.8毫升,2千克以上注射1～1.5毫升。

【治疗方法】一旦发生疫情,要立即上报,在动物防疫监督机构的指导下按法定要求采取封锁、隔离、深埋、消毒等综合措施扑灭疫情。消毒可用5%甲酚、4%氢氧化钠、0.2%过氧乙酸等消毒药液。对疫区或威胁区内的健康鸭群或疑似感染群，应使用农业部指定的禽流感灭活苗紧急接种。

(1)经多个病例用药治疗，"感毒清"(50 千克料 /500 克)+"奇强"(100 千克水 /100 克)饮水，"清瘟败毒散"(100 千克料/ 袋)拌料有明显效果。

(2)经多个病例用药治疗，"强效感康"(125 千克水/瓶)+"征宇消刻"(200 千克水/袋)或"强效感康+征宇肠泰"(100 千克水/瓶)饮水，"清瘟败毒散"(30 千克料/袋)拌料有明显效果。将全天饮水量集中于上、下午 2 次饮水，每次饮水 2～3 小时，每天用"洁王"带鸭喷雾消毒，用药 3 天后，鸭群精神好转，采食、饮水量明显升高。待鸭采食饮水、精神恢复正常时用"健鸡增蛋散"(125 千克料/袋)+"21 维他王"(250 千克料/50 克)拌料，"征宇消刻+电解多维+超浓缩鱼肝油"饮水，产蛋可逐渐上升到 80%以上。

(3)每天每 1000 只病鸭使用喘必治 2 瓶(每瓶 100 克)、双黄连口服液 5 瓶(每瓶 100 毫升)、黄芪金丝 1 袋(每袋 100 克)、病毒威 3 袋(每袋 100 克)、感康 3 袋(每袋 100 克)、浆炎速康 2 袋半(每袋 100 克)共同混水 1500 毫升。早晨喂食前每只病鸭用无针头注射器灌服 2～3 毫升，每天灌服一次也有明显效果。

3. 病毒性肝炎

鸭病毒性肝炎是由鸭病毒性肝炎病毒引起雏鸭的一种急性、烈性和致死性传染病，该病的特征是发病急、传播迅速、死亡率高。在自然条件下，鸭病毒性肝炎只发生于雏鸭，成鸭亦可感染，但不表现症状而成为隐性带毒者。

【发病特点】本病主要经消化道和呼吸道传播。暴发本病的鸭场多是由于从疫区或发病鸭场购入带病的雏鸭传染所致。此外，人员流动如饲养员窜舍，外场人员参观，卫生检查人员的窜场走动，收购病残鸭的小贩等都可能成为传播本病的重要途径。车辆往来，用具不经消毒处理反复使用，在场内乱扔病死鸭等，也常是传播本病的重要方式。

【临床症状】病鸭精神委顿，体质衰弱，食欲废绝，缩颈，翅下垂，呆立瞌睡，强行驱赶则行走迟缓。不久，病鸭出现神经症状，运动失调，身体歪向一侧，全身抽搐，头向后仰，背部着地，转圈下蹲，两脚痉挛性踢蹬，呈角弓反张姿势，常在出现神经症状数小时或数分钟后死亡。死后喙端和爪尖淤血，呈暗紫色，少数病雏死前出现腹泻，排黄白色或绿色稀粪。

【病理剖检】剖检病死鸭，特征性病变在肝脏。所有剖检病例肝脏均肿大、质脆，肝脏表面有大小不等的出血斑点，色暗淡或发黄，呈斑驳状，有的肝脏呈土黄色或红黄色；胆囊肿大，充满胆汁，胆汁草青色或淡红色；脾脏肿大，呈斑驳状花纹样；大多数病例肾脏肿胀，呈树枝状充血；胰脏充血呈粉红色；心肌质软，脑充血及软化。病理组织学变化为肝细胞弥漫性变性坏死，其间有大量红细胞，肝小叶之间的血管和胆管的纤维组织内有单核细胞聚集、胆管和结缔组织增生等病理变化。

【诊断】根据本病发病急，传播迅速，病程短；3 周龄内死亡率高，成年鸭不发病；病鸭有明显的神经症状；病变主要表现为肝脏的变性和出血，这些特点可做出初步诊断。

确诊可用病毒分离物接种 1～7 日龄的敏感雏鸭。复制出该病的典型症状与病变，而接种同一日龄的具有鸭病毒性肝炎母源抗体的雏鸭，则有 80%～100%的保护率，即可确诊。将病鸭肝细胞悬液或血液无菌处理后，接种 9 日龄鸡胚，根据所出现的鸡胚特征性病变也可确诊。也可利用直接荧光技术在自然病例或接种鸭胚的肝脏进行快速准确诊断。

【防治措施】

(1)加强饲养管理，建立严格的卫生消毒制度。实践证明，暴发本病的鸭场多是由于从疫区或发病鸭场购入带病的雏鸭所致。因此应严禁从发病鸭场或孵化场购买雏鸭，严禁场外人员不经消毒进场或窜舍，育雏室门前设消毒池，严格按卫生消毒要求处理病死鸭等。进雏前与饲养过程中应建立完善的卫生消毒制度，确保饲养环境卫生洁净。

(2)提高防疫意识，进行特异性预防。进雏前应了解种鸭场对该病的免疫情况。若母鸭免疫确实，其雏鸭母源抗体可维持 2 周左右时间，基本可度过易感危险期。如果饲养环境卫生状况较差，提倡在 10～14 日龄进行鸭肝炎疫苗的主动免疫。若母鸭未经免疫，雏鸭应于 1 日龄主动免疫疫苗。一旦小鸭发生本病，应迅速注射卵黄抗体，可迅速有效降低死亡率和防止流行。亦可用卵黄抗体进行被动免疫预防，一次免疫有效期为 5～7 天。

【治疗方法】鸭群发病后立即与其他假定健康鸭群严格隔离，并实行专人管理，禁止无关人员进入或接近，以避免病情进一步向周围扩散。淘汰的病重鸭与死鸭，经过焚烧或在远离水源的地方深埋处理。

(1)对发病初期死亡较少的鸭群，立即逐只注射鸭病毒性肝炎高免血清，每只 0.5 毫升，对有发病症状的鸭只，可注射 0.8 毫升；没有高免血清时，可注射高免蛋黄抗体，根据体重分别注射 1～2 毫升。在注射血清和蛋黄抗体的同时，应用 1 瓶禽用白细胞干扰素溶于 10 升干净饮用水，供 500～1000 羽饮用，每天 3 次，连用 3～5 天。

(2)对发病鸭群，用雏鸭病毒性肝炎高免蛋黄液皮下或肌内注射每只 0.5～1 毫升，一般 2～3 天内可控制病情，为避免针头接种性传染，要做到一只一个针头注射。

(3)0.01%病毒唑、0.01%思诺沙星饮水，同时饮水中加入倍量电解多维，连用 3～5 天。

(4)对发病鸭舍的周围环境，用过氧乙酸进行喷雾消毒，每天 1 次，直至鸭群出栏。对发病鸭群，用百毒杀带鸭消毒，每天 1 次，直至病情完全康复，带鸭消毒时要预先提高育雏室的温度 2～3℃，以避免应激而造成鸭群病情加重。

4. 鸭细小病毒病

本病是由细小病毒引起的一种急性、败血性的传染病，主要侵害1～3周龄的雏鸭，特别多见于10～18日龄者。

【发病特点】本病是由细小病毒引起的一种高度传染和致死性的疾病。在我国、欧洲一些国家、日本等国家的家鸭和鸭群中广泛流行，不同国家鸭的病毒分离物，在血清型上相似，近来发现鸭和鸭的病毒之间有些差异。

【临床症状】发病鸭普遍出现下痢、口吐黏液、采食量减少等症状，个别鸭出现转脖、抽搐的情况。日龄较大一般没有神经症状，发病鸭表现为下痢、采食量减少。

【病理剖检】胰脏表面有大量的白色坏死点或出血，肠道黏膜有不同程度的充血和出血，十二指肠和直肠后段黏膜出血更甚，胆囊肿胀、充满胆汁。

【诊断】根据临床症状、感染禽的日龄、剖检和组织病理学变化，可做出初步诊断，确诊必须分离和鉴定病毒。

【防治措施】

(1)于母鸭产蛋前20～30天和产蛋中期，采用雏鸭细小病毒病弱毒疫苗作免疫接种，肌注，每只2～4头份。母鸭经过上述免疫接种，一般可使其生产的雏鸭获得对本病的抵抗力。上述疫苗亦可以用于雏鸭1日龄时作免疫接种，以预防本病。

(2)当雏鸭发生本病时，应及时采用雏鸭高免卵黄抗体或高免血清作治疗，肌注，每只1～1.5毫升，同时在饲料中添加适量抗菌药物，如速百治每天每只10～15毫克，或丁胺卡那霉素每天每只1万～2万单位，连用2～3天。同时应给病鸭饲料中添加适量鱼肝油和畜禽生长素，以防止病鸭发生骨质松软等后遗症。

(3)应当注意，因雏鸭在感染鸭细小病毒的同时，往往合并感染小鸭瘟病毒，故在防治雏鸭细小病毒病的同时，应配合防治雏鸭感染小鸭瘟(上述用于母鸭或1日龄小鸭的疫苗加入等量小鸭瘟弱毒疫苗，用于病雏鸭的高免抗体或高免血清最好是雏鸭细小病毒、小鸭瘟二联抗体或血清）。

【治疗方法】

（1）高免血清：对发病鸭进行治疗时，使用剂量为每只雏鸭皮下注射 3 毫升，治愈率可达 70%。

（2）对症治疗：没有高免血清时，可以采用对症治疗，如补充电解质及多维，尤其是维生素 A 及维生素 D，饲料或饮水中加入抗生素，以降低继发感染和死亡率。

5. 鸭痘

鸭痘是由痘病毒引起的一种急性传染病，其临床特征是在皮肤、口腔或眼睛上出现痘斑。

【发病特点】病原为鸭痘病毒，是禽痘病毒群中的一个新成员。目前对该病毒的生物学特性了解甚少，但在临床症状和病理变化上，与其他禽类的痘病相似。

【临床症状】各种日龄的鸭均可感染，雏鸭比成年鸭易感。该病分为皮肤型、口腔型和眼型三种不同的临床类型。其中以皮肤型较多见，约占 90%，眼型约占 3%。病初体温稍高，迟钝，食欲下降，产蛋下降或完全停止。

（1）皮肤型：在鸭的嘴角和与鸭喙连接的皮肤上、眼睑处皮肤上，出现大小不等的结节状痘样疹，并经常汇集成较大的疣状结节。其他如跗关节以下的足部趾或蹼上，也会出现结节状痘样疹。

（2）口腔型：最初在口腔黏膜上出现灰白色痘疹，在口角处有结节样疹，痘疹逐渐变黄，后期形成溃疡，经 10～15 天愈合，不形成伪膜。

（3）眼型：病初有水样分泌物，后来逐渐形成脓性结膜炎，常将上下眼睑粘合在一起，严重时，可导致一侧或两侧眼睛失明。有时，也出现皮肤型与眼型或口腔型的混合型鸭痘。

【病理剖检】一般鸭痘的病变除化脓期外，与鸡痘各阶段相似，痘样结节状病变干涸后成痂，痂脱落后留下一个暂时性的瘢痕。皮肤结节在上皮层发生坏死，破坏了正常的细胞结构，表皮下层细胞增生，个别细胞明显膨大似“气球”。真皮下层基底部发生水肿，有异嗜性细胞中有包涵体。真皮下层基底部发生水肿，有异嗜性细胞和其他炎性细胞聚集。该处毛细血管扩张，充满血液细胞。

【诊断】一般根据临床表现和病理变化可以做出诊断。为进一步确诊，可采取皮肤痘痂及病变组织送兽医检验部门做病毒分离和病理组织学检查。

【防治措施】

(1)严格消毒：要保持环境卫生，经常进行环境消毒，消灭蚊子等吸血昆虫及其孳生地。发病后要隔离病鸭，轻者治疗，重者捕杀并与病死鸭一起深埋。污染场地要严格清理消毒。

(2)预防接种：本病可用鸭痘疫苗接种预防。10 日龄以上的雏鸭均可以接种，免疫期幼雏 2 个月，较大的鸭 5 个月。刺种后 3～4 天，刺种部位应微现红肿，结痂，经 2～3 周脱落。

【治疗方法】

(1)大群鸭用吗啉胍按照千分之一的量拌料，连用 3～5 天，为防继发感染，饲料内应加入 0.2%土霉素，配以中药鸭痘散(龙胆草 90 克，板蓝根 60 克，升麻 50 克，野菊花 80 克，甘草 20 克，将上述中药加工成粉，每日成年鸭 2 克/只，均匀拌料，分上下午集中喂服，一般连用 3～5 天)疗效更好。

(2)对于病重鸭，皮肤型可用镊子剥离痘痂，伤口涂抹碘酊或紫药水；白喉型可用镊子将黏膜假膜剥离取出，然后再撒上少许“喉症散”或“六神丸”粉，每日 1 次，连用 3 天即可。

(3)对于痘斑长在眼睑上，造成眼睑粘连，眼睛流泪的鸭可以采用注射治疗的方法给予个别治疗，用法为：青霉素 1 支(40 万单位)，链霉素 1 支(10 万单位)，病毒唑 1 支，地塞米松 1 支，混匀后肌注，40 日龄以下注射 10 只鸭，40 日龄以上注射 5～7 只鸭。一般连续注射 3～5 次，即可痊愈。

6. 鸭霍乱

本病是由禽型多杀性巴氏杆菌引起的一种急性败血性传染病，秋季易发，对养鸭业的危害严重。

【发病特点】鸭霍乱是由多杀性巴氏杆菌引起的一种家禽和野禽的接触性、传染性、败血性疾病，该病在鸭发生呈急性和慢性型两种。多杀性巴氏杆菌是一种多形性革兰阴性球杆菌，呈两极染色特征。根据特异的荚膜抗原与菌体抗原，将多杀性巴氏杆菌定为各种血清型。它是养鸭业最为主要的疾病之一，出现气温较高、多雨潮湿、天气骤变、饲养管理不良等多种因素，都可促进本病的发生和流行。各种日龄的鸭群均可因接触病禽污染的场地、饲料、饮水、运输工具及往来人员等而感染发病，但以 30 日龄内的雏鸭发病率和死亡率最高。

【临床症状】3 周龄以上小鸭对本病高度敏感，小鸭常发生急性和最急性霍乱，种鸭通常为慢性感染。小鸭发病后常见死亡，病鸭精神委顿，口腔流出绿色的黏液性分泌物和发生腹泻。患慢性型的种鸭表现为呼吸困难和腹泻。

【病理剖检】病变为典型的败血症。心脏、肠系膜和腹部脂肪有小出血点，肝肿胀、质脆，在发病早期有出血现象，然后在肝脏表面见有白色针尖大小的凝固性坏死病灶。脾脏呈花斑状且质脆。气囊无病变，但肺有时有出血和发硬，慢性病例产生化脓性和局灶性病变；种鸭可见有纤维素性心包炎、肝周炎和气囊炎，在肺和皮下组织也可见类似病变；种鸭常见蛋黄破裂和卵黄性腹膜炎。

【诊断】根据临床症状和病理变化能作出诊断，但确诊则必须分离和进行细菌鉴定。在鉴定本病时要注意和鸭病毒性肠炎、大肠杆菌病、鸭疫里氏杆菌病及丹毒病区分。

【防治措施】

(1)日常加强饲养管理和防疫消毒工作，对各阶段的鸭群分群饲养，严防外来畜禽等入场。不从疫区引进种鸭或雏鸭，引进鸭群要隔离饲养15～30天，确认无病后方能入场。一旦发生疫情，要及时上报并按法定要求做好扑疫工作。消毒灭疫可用0.5%优安净、0.5%漂白粉、0.3%过氧乙酸等。

(2)常发病地区或疑发病地区，可组织健康鸭群接种禽霍乱菌苗。

【治疗方法】

(1)本病治疗选用磺胺类和抗生素类药物效果较好，尤以肌注+拌料(饮水)效果明显。如青霉素钠盐用复方安基比林液稀释后，肌注每只1万～2万单位，每天1次，连用3天；同时取土霉素粉按60～250毫克/升拌水混饮，连喂5～7天。

(2)肌注链霉素每只5万～10万单位，磺胺二甲基嘧啶按0.1%拌水混饮，或按0.5%拌料混饲病鸭群。

(3)肌注强效阿莫仙每只20～50毫克，每天1次。

(4)双黄连口服液按2.5毫升/升拌水混饮，连用3～5天。

7. 大肠杆菌病

大肠杆菌病又称鸭大肠杆菌败血症，可侵害各种日龄的鸭，是鸭的常发病。

【发病特点】大肠杆菌病是由埃希大肠杆菌引起的侵害多种家禽和动物的一种常见病。

【临床症状】新出壳的雏鸭发病后，体弱，闭眼缩颈，常出现腹泻，多因败血病死亡。较大的雏鸭病后，精神委顿，食欲减退，隅立一旁，缩颈嗜眠，两眼和鼻孔处常附有黏液性分泌物，有的病鸭排出灰绿色粪便，呼吸困难，常因败血症或体弱、脱水死亡。成年鸭表现喜卧，不愿走动，站立时可见腹围膨大，触诊腹部有波动感，穿刺有腹水流出。

【病理剖检】肝脏肿大，呈青铜色或胆汁状的铜绿色。脾脏肿大，卵巢出血，全身浆膜呈急性渗出性炎症，心包、肝被膜表面附有黄白色纤维性渗出物。腹水为淡黄色。有些病例卵黄破裂，腹腔内混有卵黄物质。肠道呈卡他性或坏死性炎症，有些雏鸭卵黄吸收不全。

【诊断】根据流行特点、临床症状和病理剖检可初步诊断，确诊需进行细菌培养和分离。

【防治措施】

(1)降低鸭舍内氨气等有害气体的产生和积聚是养鸭场必须采取的一项非常重要的措施。

①药物喷雾：用0.3%过氧乙酸，按30毫升/立方米喷雾，每周1～2次，对发病鸭舍每天1～2次。

②及时清粪，并堆积密封发酵，及时通风换气。

③重视环境治理，饲养场地绿化，种草植树。

(2)搞好种蛋、孵化室及禽舍内外环境清洁卫生，并按消毒程序进行消毒，以减少种蛋、孵化和雏鸭感染大肠杆菌。

(3)防止水源和饲料污染：可使用颗粒饲料，饮水中加消毒剂，如含氯或含碘消毒剂；水槽、料槽每天应清洗消毒。

【治疗方法】应选择敏感药物在发病日龄前1～2天进行预防性投药，或发病后作紧急治疗。

(1)抗生素：氨苄青霉素按0.2克/升饮水或按5～10毫克/千克拌料内服；阿莫西林按0.2克/升饮水；庆大霉素2万～4万微克/升饮水；土霉素类按0.1%～0.6%拌饲或0.04%饮水，连用3～5天。

(2)合成抗菌药：磺胺嘧啶0.2%拌饲，0.1%～0.2%饮水，连用3天；磺胺喹恶啉0.05%～0.1%拌饲，0.025%～0.05%饮水，连用2～3天，停2天，再用3天；呋喃唑酮0.03%～0.04%混饲，0.01%～0.03%饮水，连用3～5天，一般不超过7天。

8. 鸭疫巴氏杆菌病

本病又称鸭传染性浆膜炎，是由鸭疫巴氏杆菌引起的，主要侵害小鸭的传染病。本病是肉鸭养殖业中的主要疾病，急性型发作的特点是发病迅速，高的发病率以及出现神经症状。由于高死亡率、体重下降以及淘汰，造成很大经济损失。

【发病特点】鸭传染性浆膜炎主要是幼鸭的一种传染病，病原为鸭疫巴氏杆菌病，为革兰阴性的小杆菌，血清型较多，1～8 周龄的鸭对自然感染易感，尤以 2～3 周龄的幼鸭最易感。

【临床症状】

(1)最急性型：常见不到任何明显症状而突然死亡。

(2)急性型：病初表现眼流出浆液性或黏性的分泌物，常使眼周围羽毛粘连或脱落。鼻孔流出浆液或黏液性分泌物，有时分泌物干涸，堵塞鼻孔。轻度咳嗽和打喷嚏。粪便稀薄呈绿色或黄绿色。嗜睡，缩颈或嘴抵地面，腿软，不愿走动、步态蹒跚。濒死前出现神经系统症状，如痉挛、背脖、两腿伸直呈角弓反张状，尾部摇摆等，不久抽搐而死，病程一般 2～3 天。

(3)慢性型：多见于日龄较大的小鸭，病程 1 周以上。病鸭表现精神沉郁，少食，共济失调，痉挛性点头运动、前仰后翻、翻转后仰卧、不易翻起等症状。少数鸭出现头颈歪斜，遇惊扰时不断鸣叫和转圈，倒退等，而安静时头颈稍弯曲，尤如正常，因采食困难，逐渐消瘦而死亡。

【病理剖检】特征性病理变化是浆膜面上有纤维素性炎性渗出物，以心包膜、肝被膜和气囊壁的炎症为主。气囊混浊增厚，气囊壁上附有纤维素性渗出物。脾脏肿大或肿大不明显，表面附有纤维素性薄膜，有的病例脾脏明显肿大，呈红灰色斑驳状。脑膜及脑实质血管扩张、淤血。慢性病例常见胫跖关节及跗关节肿胀，切开见关节液增多。少数输卵管内有干酪样渗出物。

【诊断】根据流行病学、临床症状、病理变化进行综合分析，可以做出初步诊断。如果要进行确诊，可采取镜检和细菌培养等实验室手段，在细菌分离培养时，可用血液培养基培养再接种到鉴别培养基上进行鉴定。

【防治措施】

(1)合理的饲养管理可以有效地预防本病，特别是注意环境污染和应激。饲料中混饲磺胺喹恶啉(125×10^{-6})效果很好。还可使用泰维露,每50千克清水中加入泰维露100克,让小鸭自由饮用3~5天。

(2)接种鸭疫巴氏杆菌苗,7~10日龄时注射1次,20~25日龄再注射1次,保护率可达90%以上。

(3)发病的鸭场,应采取综合防治措施,消除和切断传染源,达到控制和预防本病的目的。可用抗毒威带鸭消毒,每2周带鸭消毒1次。烧毁死鸭,隔离发病鸭群,以制止疾病传播。鸭舍经彻底清洁消毒后,空闲2~4周方能使用。不同年龄的鸭群应分开饲养。

(4)平时应加强鸭舍通风、干燥、防寒及清洁卫生工作。鸭疫巴氏杆菌灭活苗或与大肠杆菌混合灭活苗接种7~10日龄雏鸭,可预防本病。

【治疗方法】

(1)一旦发生本病,氯霉素按0.04%~0.06%比例拌料口服3~5天;庆大霉素按4000~8000单位/千克体重肌注,每天1~2次,连用2~3天;利高霉素按药物有效成分0.044%拌料口服3~5天;复方敌菌净0.04%比例拌料口服4~6天;青霉素、链霉素肌注,雏鸭各0.5万~1万单位,中幼鸭各4万~8万单位。注意四环素对本病无效。

(2)最有效的治疗措施是单独肌内注射链霉素和双氢链霉素,剂量为每一种药物83毫克。在发病前期或疾病的极早期,利用三甲氧苄氨嘧啶一磺胺嘧啶(8%/40%)联合饮水给药亦能取得较为满意的效果。方法是每4升饮水加入1毫升,给药3~5天。治疗用药也可用林肯霉素和壮观霉素联合肌注或青链霉素联合肌注。青链霉素剂量为每千克体重各2万~4万单位,每天2次,连用3天。还可肌注2.5%海达注射液,每千克体重0.5毫升,每天2次,连用3天。

9. 腹水症

鸭腹水症是多种因素引起鸭的一种综合征,育肥鸭、种鸭均有发生，本病的主要特征是腹腔积液、腹围下垂。

【发病特点】诱发本病的因素很多，包括遗传、饲养环境及营养等，主要的病因是缺氧使肺动脉压升高，导致右心室衰竭和腹腔积液。

（1）遗传因素：肉用型鸭（特别是公鸭）生长快速，存在亚临床症状的肺心病，这可能是发生本病的生理学基础。

（2）饲养环境：饲养环境恶劣，通风换气不良，造成长时间的供氧不足。

（3）营养：采用高能量、高蛋白饲料喂鸭，促使其生长，机体需氧量增加，也会发生相对供氧不足。饲料中含有的有毒物质如黄曲霉毒素或高水平的某些药物（如呋喃唑酮等）、某些侵害肝脏或血管的疾病（种鸭大肠杆菌感染）也可引起腹水症。

【临床症状】病鸭精神不振，腹部膨大，触之有波动感，严重者可见喙端和脚的发绀现象。

【病理剖检】解剖腹腔内有大量黄色液体，腹水中混有纤维素凝块，肝脏肿大，个别萎缩，质地变脆。心包膜增厚、心包积液、心脏肿大，右心扩张，柔软，心壁变薄，肺淤血或水肿。

【诊断】根据本病的典型临床症状及特征性的剖检病变即可诊断。

【防治措施】

（1）改善鸭群管理及环境条件，防止拥挤，改善通风换气条件，保证鸭舍内有较充足的氧气流通，防止过冷。

（2）早期限饲，控制生长速度或适当降低饲料的能量。禁止饲喂发霉的饲料。

（3）日粮中补充维生素 C。据报道，每千克饲料添加 0.5 克的维生素 C，对预防腹水症能取得良好效。

【治疗方法】氟苯尼考每袋 100 千克水、肠安之星每袋加 100 千克水混合饮水，1 天 2 次集中使用，连用 3 天。

10. 啄毛

肉鸭啄毛多发生于肉鸭长新羽毛或换羽时，相互啄羽，造成毛稀，毛根毛囊出血，影响鸭子生长发育和鸭群正常饮食休息。

【发病特点】

(1)营养缺乏:配合饲料不当，饲料单一不全价，缺乏蛋白质或必需氨基酸，在缺少蛋氨酸、胱氨酸、维生素A和烟酸时容易发生鸭子啄毛;钙磷含量不足或比例失调，缺乏食盐、矿物质和微量元素时也容易发生鸭子啄毛。

(2)环境条件差:鸭舍温度高，湿度大，通风不良，光线过强，密度过大，舍内空气混浊，氨和二氧化碳、硫化氢浓度过大，极易造成鸭子啄毛。

(3)饲养管理不当:饲料突变，饲喂不定时不定量，饮水不足，缺少运动也能引起鸭子啄毛。

【临床症状】啄击部位多为背后部及羽翅尖部羽毛，常造成毛囊出血、皮肤撕裂等。

【诊断】根据临床症状即可确诊。

【防治措施】鸭群中一旦发生啄毛现象，就要把啄毛鸭抓出，另外饲养，针对各种原因采取相应防范措施。

(1)科学合理配制饲料:饲料原料要多样化，配方要科学合理，根据鸭生长日龄饲喂优质、全价日粮，适当添加青绿饲料或增喂啄羽灵、羽毛粉等都能防止啄毛发生。

(2)科学饲养管理:鸭舍温度要满足不同日龄鸭的需要，相对湿度保持在60%～70%，通风良好，光线不要太强，保持清洁卫生，地面干燥，人走进鸭舍感到不闷、鼻眼不刺激就可以了，同时要定时定量喂食，在饲料中或水中定期添加一些亚硒酸钠和维生素E。

【治疗方法】

(1)改善环境:加强饲养管理，疏散养殖密度，改善通风与光照强度。鸭舍温度和湿度要适宜，满足不同日龄鸭所要求的温度，相对湿度保持在60%～70%,通风良好,光线不太强,保持清洁卫生,地面干燥。

(2)科学配料:饲料原料要多样化,配方要科学合理。因蛋白质、钙磷不足,可添加5%豆饼或3%鱼粉、2%～4%骨粉或贝壳粉;因缺盐引起的可在饲料中添加1%～2%食盐,连喂2～3天;因缺硫引起的可补硫酸锌或硫酸钙,每只每天1～4克,适当添加青绿饲料或增喂啄羽灵、羽毛粉,都能防止啄毛发生。

(3)减少光照:一般用25瓦灯泡照明,鸭能看到吃食和饮水就可以了。

(4)及时治疗:发生啄癖应及时分离施治,病伤处用高锰酸钾溶液洗涤或涂紫药水,待结痂痊愈后再合群。适当运动,在饲料中加入适量的天然石膏粉末,一般每只鸭每天1～4克。

11. 瘫痪

肉鸭瘫痪多发生在中鸭阶段,高发率可达10%以上。

【发病特点】引起肉鸭瘫痪的原因很多,有品种方面的原因,也有疾病方面的原因,还有环境方面的原因,以及营养方面的原因。从发生情况看主要是疾病和营养方面的原因和一些机械伤害。疾病方面主要是细菌感染引起的滑膜炎、骨髓炎,病毒性关节炎并发葡萄球菌引起的葡萄球菌性关节炎和呼肠孤病毒引起的股骨头坏死。营养方面主要是钙磷缺乏、钙磷不平衡或维生素 D_3 缺乏引起的胫骨软骨发育不良、佝偻病、骨质疏松症和红色跗关节。另外,饲料中锰和胆碱缺乏会引起软骨营养障碍,也称胫骨短粗症。

【临床症状】瘫痪引起生长发育受阻,产品的合格率低,瘫痪肉鸭表现体软、腿软、跛行、用跗关节行走、运动失调等软骨病症状,还有的出现"橡皮喙"现象。有些鸭精神状态良好,虽行动困难,可正常采食和饮水,但采食量和饮水量因受其他肉鸭的影响而减少。大部分瘫痪肉鸭行动困难,不能正常采食和饮水,鸭体消瘦甚至死亡。死亡大多由其他鸭踩压所致。

【诊断】运动艰难，走路摇摆，不能站立；喜睡、身体发抖，头不能抬起，严重时常以跗关节着地或靠两翼支撑着地。

【防治措施】防治肉鸭瘫痪的措施是饲料中有充足的钙磷，而且钙磷比例必须平衡；日粮中的维生素尤其是维生素 D_3 的量要足，其他微量元素的量也要有保证，有条件的饲养场定期进行户外运动，多晒太阳；鸭舍和运动场要防止阴暗潮湿，经常更换垫料；经常消毒防止细菌感染，注射疫苗防止病毒性疾病发生。

【治疗方法】可采用肌肉注射维丁胶性钙治疗。规格为每毫升含维生素 D500 单位、胶性钙 0.5 毫升。成年鸭每次注射 1～2 毫升，每天 1 次，连续注射 2～3 次即可治愈。也可用每片含磷酸氢钙 0.5 克的糖钙片和每片含维生素 B_1 2～3 片同时喂服，成年鸭每日 1 次，连服几次即可康复。如能在针刺鸭趾血管放血的同时口服鱼肝油，则治疗效果更好。

12. 应激性综合征

应激性综合征是指机体在应激原的刺激下，通过垂体-肾上腺皮质系统引起的各种生理或病理过程的综合性症状。在工厂化饲养条件下，认识和控制应激对鸭业生产的不利影响十分重要。

【发病特点】一般认为与饲养管理、环境应激原以及精神、神经传递异常有关。包括鸭群过于拥挤，鸭舍卫生和通风不良致使氨气浓度过高，以及饲养环境闷热、潮湿、噪声大、惊吓、突然强力驱赶和追捕、争斗、炎热季节长途运输、转群、多人参加的防疫接种、气候突变(雷雨交加)，以及日料中缺乏维生素 B_1 和烟酸等。

【临床症状】由于应激源的强度、持续时间、鸭不同品种、年龄以及机体健康状况和营养状态的不同。由应激引起的临床症状会有各种类型，主要有以下几种：

(1)急性应激综合征：这种综合征是由于受应激源的长时间刺激所引起。

①热应激：引起此种症状的应激源是天气炎热的情况下长途运

输、过度拥挤和缺水、鸭舍温度过高等。在这些因素作用下致使鸭体产热过多，而散热困难，在临诊上表现为呼吸困难，张口喘气，体温升高，心跳加快，肌肉震颤，可视黏膜潮红或发绀，口流白沫，鸭还可能发生肺炎，甚至死亡。

②致惊应激：引起此种症状的应激源是争斗、噪音、捕捉、运输、混群等，致使鸭受惊。在临床上表现为头部羽毛竖起，惊恐不安、到处乱跑、寻处躲藏、食欲减少甚至废绝。生长发育受阻，产蛋量下降，有些鸭发生死亡。

(2)慢性应激综合征：是由强度不大的应激源长期反复刺激所致，如营养缺乏、后备种鸭产蛋前限料、育雏室温度变化大、气候骤变，患有慢性病及卫生状态差造成霉菌慢性感染等。在应激源不断刺激下，机体不断地做出适应性的调整，从而影响鸭的食欲，致使生长发育迟缓，消瘦，产蛋量下降，孵化率降低。免疫力下降，并且容易继发或并发其他疫病。

(3)猝死性应激综合征：又称猝死或突毙综合征，是由于鸭在惊吓、捕抓、注射疫苗发生反应或互相挤压等激烈的应激源的刺激下，不表现任何症状而突然死亡。其死亡的最主要原因是由于突然受到应激原的强烈刺激，引起休克或虚脱而致猝然死亡。

【病理变化】由应激所引起的死亡雏鸭颅骨出血，脑膜和脑组织充血，大脑与丘脑之间间隙有大的凝血块。肝脏有出血斑，肾充血出血。喙呈紫蓝色，蹼苍白。

【诊断】根据临床症状即可诊断。

【防治措施】

(1)加强预防和减少应激的观念：特别在主要的传染病得到控制之后，往往更容易忽视应激对鸭生长发育、生产性能、抗病力和免疫力的影响所造成的经济损失。

(2)加强饲养管理：在整个饲养过程中，始终要保持饲料中营养成分的平衡，并在特殊情况下注意及时补充多种维生素及矿物质。

在阴雨季节严防饲料发霉。所喂饲料的质量不但要可靠，而且要相对稳定。一旦发现质量有问题，要及时调整。注意鸭群的稳定性，尽可能避免随意混群。在运输过程中尽量减少和减轻动态应激原对鸭的影响。

(3)做好重大疫病预防接种工作：根据当地目前主要的重大疫病，制定合乎实际、科学的免疫程序，选择高质量的疫苗，及时进行预防接种，并保证接种的质量，把严防应激与科学预防接种结合起来，这才是保证养鸭业顺利健康发展的最重要的策略。

(4)及时采用药物预防：在捕捉、运输或免疫接种之前1小时，在每千克饲料中添加利血平10～15毫克，或每千克饲料中补充维生素C 100～200毫克，同时添加维生素E和B族维生素，有更佳的抗应激作用。延胡索酸可按0.2%拌料饲喂，这是一种应激保护剂。它能提高鸭群的存活率和生产性能。琥珀酸盐可按0.1%的浓度拌料饲喂，它能使处于应激状态的鸭群较快地恢复正常生理状态和维持正常的产蛋水平。

【治疗】

(1)消除应激原：在患鸭出现症状之后，如果确诊为应激综合征，应针对不同的应激因素采取相应的措施给予及时消除。

(2)采用药物治疗：每千克饲料可添加维生素C 100～300毫克；或每千克饲料添加杆菌肽锌盐40毫克，同时添加维生素E及黄芪多糖粉等，可以增强机体的免疫和抗自由基系统的功能。

13. 鸭食盐中毒

食盐是鸭日粮中不可缺少的矿物质，适当给予，既可增强饲料的适口性，又能保证血液电解质平衡，但鸭摄入过量也会引起中毒。

【发病特点】饲料或饮水中食盐含量过高，饮水受到限制，均可导致食盐中毒。据报道，鸭子对食盐的毒性作用很敏感，饲料中加入2%的食盐，可使小鸭生长抑制，种鸭繁殖能力和蛋的孵化率降低。体重为0.6～0.8千克的鸭子，只要吃到5克以上的食盐就可引起死亡。

【临床症状】鸭食盐中毒后精神委顿，食欲消失，嗉囊软胀，口和鼻中流出黏性分泌物，频频喝水，运动失调，步态不稳，有的做转圈运动，时而倒地，两腿做划船动作。后期病鸭极度衰竭，腹泻，呼吸困难，吸气时伸颈，皮肤发绀，有时抽搐痉挛，最后虚脱而死。

【病理剖检】嗉囊、食管中充满黏液，黏膜脱落，腺胃黏膜发红，有的表面形成假膜；小肠黏膜充血有出血点，尤其是十二指肠呈弥漫性点状出血；腹腔积水；心包积水，心肌、心冠脂肪点状出血；肺水肿；肝脏肿大，淤血，表面盖有淡黄色的纤维素性渗出物；肾脏肿大，肾脏和输尿管有尿酸盐沉着；脑血管充血，有出血点、并有脑炎变化；有的皮下水肿，切开后有黄色透明液体流出，脂肪呈胶样浸润。

【诊断】对可疑饲料、饮水或胃内容物进行氯化钠含量测定；也可以测定患鸭血浆和脑积液中的钠离子浓度。

【防治措施】雏鸭对食盐特别敏感，应严格控制在 0.3%左右。所以，平时应经常供给雏鸭新鲜、清洁而充足的饮水。在利用残羹、酱渣等喂鸭时，应把它的含盐量估计进去，掌握适当的比例，切勿多喂。当雏鸭中毒后，应配合中药进行治疗，一般病雏会迅速康复。

【治疗方法】

(1)全群停喂残羹，并停止在饲料中加盐，加喂易消化的青绿多汁饲料，供给 5%的多维葡萄糖水，饮水中加入 0.5%的醋酸钾，让其自饮，连用 4 天，中毒轻的雏鸭逐渐好转。

(2)对于重症者适当控制饮水，腹腔注射 10%葡萄糖 25 毫升，同时每只肌内注射 20%安钠咖 0.1 毫升。

(3)中药治疗用茶叶 100 克、葛根 500 克，加水 2 千克，煮沸半小时后待凉自饮，连用 4 天。

(4)喂给适量的鸡蛋清，以保护嗉囊及胃黏膜。

(5)供给新鲜牛奶，让病鸭饮用，连用 2 天。

14. 鸭黄曲霉素中毒

鸭黄曲霉毒素中毒是由于鸭吃了被黄曲霉毒素污染的饲料而引起的一种以肝坏死为特征的中毒性疾病。

【发病特点】本病是由黄曲霉所产生的毒素引起的一种中毒病。黄曲霉素的产生是由于花生、麸皮、破损玉米等在潮湿的季节中收藏保管不善所致，当鸭吃了含有黄曲霉毒素的饲料，即引起本病的发生。

【临床症状】幼鸭常表现急性中毒，食欲消失，脱毛，鸣叫，步态不稳，跛行，死亡时头颈角弓反张。慢性中毒症状多不明显。

【病理剖检】解剖检查可见尸体消瘦，皮下、肌肉有出血点，皮下组织呈胶样浸润，水肿，肝脏明显肿大，色淡苍白，表面有出血斑点。

【诊断】根据曾饲喂过发霉饲料，表现的特征症状和剖检以肝肿大、颜色淡白等剖检变化，一般可做出初步诊断。但确诊应依靠菌的鉴定和黄曲霉毒素色层分析法。

【防治措施】只要停喂含有黄曲霉素毒素的饲料，很快就会停止发病死亡。因此，在温暖多雨季节，饲料要注意防霉，防止饲料中黄曲霉毒素的生长。

【治疗方法】本病无有效药物治疗，若发现黄曲霉毒素中毒，应立即更换饲料，可给予病鸡鸭盐类泻剂，排除肠道内毒素，同时采用对症疗法，并供给充足的青绿饲料和维生素 A，必要时投与盐类泻剂，排除肠道内的毒素。

15. 高锰酸钾中毒

高锰酸钾是一种常用的消毒药，鸭高锰酸钾中毒是指因使用高锰酸钾不当而引起的一种以消化道黏膜腐蚀性损伤、充血、水肿、呼吸困难等为特征的中毒病。

【发病特点】高锰酸钾中毒是由于鸭饮用了高浓度的高锰酸钾溶液引起的中毒症，一般常用于家禽饮水消毒用量为 0.01%～0.02% 浓度，浓度超过 0.1%就会引起中毒。